JN100291

セキュリティエンジニア
のための機械学習

AI 技術によるサイバーセキュリティ対策入門

Chiheb Chebbi　著

新井 悠、一瀬 小夜、黒米 祐馬　訳

O'REILLY®
オライリー・ジャパン

Mastering Machine Learning for Penetration Testing

Develop an extensive skill set to break self-learning systems using Python

Chiheb Chebbi

BIRMINGHAM - MUMBAI

日本語版の内容について、株式会社オライリー・ジャパンは最大限の努力をもって正確を期していますが、本書の内容に基づく運用結果について責任を負いかねますので、ご了承ください。

情報セキュリティのコミュニティをこのうえなく楽しくする
すべての人に本書を捧げる！

訳者まえがき

万歳千秋と舞ひ納め 万歳千秋と舞ひ納めて 獅子の座にこそ直りけれ。
——『正次郎連獅子』より

　気がつけば、あれからもう 10 年以上が過ぎた。2010 年末にオライリー・ジャパン
より『アナライジング・マルウェア』を刊行することができた。以来「あの本、読み
ました！」「とてもいい本でした」「勉強になる 1 冊でした！」と、事あるごとにお褒
めの言葉をいただいた。いろいろと苦労はあったがなんとか世の中に出すことがで
きてよかったなと、その都度、嬉しく思うことがあった。時は流れ、それから数年後
には「アナライジング・マルウェアの続編はないのですか？」「改訂版を出す予定は
ないのですか？」「最新の情報が知りたいのです」というお声を多数頂戴するように
なった。端的にいえば、Amazon のレビュー欄を見ればそれは一目瞭然だった。技術
的な内容は、いずれ古くなる。古今東西を通じた真理である。そんな声をいただくた
びに「構想している最中で」「いずれ取り組もうと思っています」「今まさにその最中
で」と、苦しいようで何かいまひとつ釈然としない反応をしてきた気がする。
　なぜか。改訂をしたところで同じことの繰り返しになり、マルウェア対策の進展に
はつながらないことに、心のどこかで気づいていたからだ。ある意味、マルウェア解
析の手段は 20 年以上前から本質的に変わっていない。32 ビットが 64 ビットになった
り、逆アセンブラとして OSS の Ghidra が生まれたといった大きなトピックはあった
ものの、たとえば今もアセンブリを人間が眺める静的解析の手法に、何か格段の進化
があっただろうか。才能ある人間の職人的技能面ばかりにクローズアップがなされる
一方で、標準化には乏しくはないだろうか。デバッガやディスアセンブラを今日も走
らせるルーティンを繰り返していないだろうか。そういった問いが心のどこかに棘の

ような違和感をもたらし続け、新規性のあまりないノウハウの再書籍化にためらいを
連れてくるのだった。

　むろん、そうした従来型の手法にまったく価値がなくなったとは思わない。取り組
んだ経験がない人、それも若い人であれば、ぜひ取り組むべき課題だと、声を大にし
て言いたい気持ちも大いにある。他方で、一度でも取り組んだ経験があるのであれ
ば、ではそうした脅威を作成・開発している側と、その労力は非対称にないかと、聞
きたい気持ちがある。サイバー犯罪者が10,000検体のマルウェアを自動的に生成し
ている間に、こちらは従来型の手法では1検体すらまともに解析できないのだ。それ
は、この10年の間に、サイバー攻撃者が手に入れた自動化や、パッケージ化された
ツールの進化に、防御側が鍛え上げてきたはずの従来型の手法が太刀打ちできなく
なっている証左ではないかと、考えるようになっていたのだった。

　そんなことを心の中に潜めながら、ではいったい自分に何ができるというのか？　そ
の問いへの答えがわからないまま、ずっとモヤモヤした気持ちのままでいた。そんな
気持ちが晴れていったのは、2016年のことだ。折しも、映画『シン・ゴジラ』が公開
された年だった。人生で初めて、同じ映画を見るために何度も劇場へと足を運んだ。
その理由は自分でもいまだわからない。ただ、進化していくゴジラを幾度となく目の
当たりにしていくうちに、これはもしかすると、自分たちの姿や形を大きく変えるとき
に来たのだと深刻に考えるようになった。そして、今まで使っていたツールやソフ
トには一切触れないように（IDA Proをアンインストールした）し、機械学習という、
なんだかとてもチヤホヤされているけれども、得体の知れないテクノロジーを使いこ
なそうとチャレンジと失敗を繰り返すようになるまでは、あっという間だった。しか
し、自分なりにいろいろ調べようとしても、ひたすらアヤメのデータセットや、手書
き文字の画像のデータセットを使った「やってみた」ばかりに出くわし、いつもフィ
ルターバブルの中で、自分の本当のお目当ての「情報セキュリティの世界に役立つ手
がかり」が見つからないモヤモヤした時間が長く続いた。そんな中で、やっと出会え
たのが本書であった。

　先に申し上げておくと、さまざまな先行研究を読み、自分自身が手を動かしてきた
経験からいえることは、この機械学習による新しいアプローチが、従来の情報セキュ
リティ対策を完全に置き換えるわけではない、ということだ。他方でいえることは、
従来型の手法ではできなかったこと、人間の経験や知識に依存している内容を、デー
タを使って機械学習に部分的ではあるが任せられる、ということである。加えて、さ
まざまな情報セキュリティ対策製品に「AIによる対策搭載！」といったキャッチコ
ピーどおりの技術が搭載され始めている。したがって、こうした機械学習による情報

しキュリティ対策が浸透していく未来はもう近い。その未来に、情報セキュリティエンジニアがきっと求められるのは、データサイエンスの目線で、山のようなデータから、この誤検知はなぜ起こったのか、あるいは見逃しはなぜ起こったか、という理由を見つけられる「第三の目」を身につけ、対応できる能力を発揮することだ。そんな未来を生きるための読者の皆さんの力に、本書が少しでも貢献できたら本当に嬉しい。なお、本書の内容は、章構成を含め原書とかなり異なっている。これはすでに古くなってしまった箇所を更新し、セキュリティエンジニアに必要と思われる知識をさらに加えて、原書をある程度の底本としつつも独自の新たな書籍に変貌させることにしたためだ。何より、読者の方が機械学習を「面白い！」と感じていただけるよう、本書で紹介する数式や理論は意図的にかなり少なくしてある。理論を学ぶことは重要だ。しかし、実際に Python を使って手を動かし、解析することはそれにまして楽しいだろうと確信している。本書はその楽しさのためにある。

* * * * * * * *

まず、本書の刊行に一緒に取り組んでくださった編集の宮川さんに感謝します。またいい仕事をしたいですね。共訳者の一瀬さんにも感謝します。同じ会社に新卒同期で入社以来、長い仕事のおつきあいになりましたが、まだまだ一緒にできることを祈念しています。さらにもうひとりの共訳者の黒米さんにも感謝します。『サイバーセキュリティプログラミング』の査読を手伝っていただいたあと、今後一緒に仕事ができるといいなと思ってその本の「まえがき」にも書きましたが、こんなにも早く実現するとは思いませんでした。今回、貴兄から学ぶことがたくさんあり、自分自身としての成長につなげることができました。今回は結果的にかなりの部分を書き換えるタフな仕事になってしまいましたが、近い将来、一緒にまたいい仕事をしたいですね。査読者の金床さん、東さん、高江洲さんにも深く感謝いたします。皆さんのお力添え、力強く的確なご指摘により、本書はさらに質の高い内容になったと確信しています。帯に言葉を寄せていただきました村井純先生、村井先生の研究室のスタッフの皆さん、そして側面からご支援していただいた三谷公美さんにも感謝申し上げます。ありがとうございました。

最後に、本書を私の亡き父、旭さんに捧ぐ。

2021 年 8 月
訳者を代表して
新井 悠

まえがき

　現在、機械学習は、情報技術の中で最もホットなトレンドのひとつである。それは、私たちの生活のあらゆる側面に影響を与えており、同時に、さまざまな産業・分野にも影響を与えている。そして機械学習は、情報セキュリティの専門家にとってのサイバー兵器ともなりうるだろう。本書では、機械学習技術の基礎を紹介するだけでなく、機械学習によって完全に機能するセキュリティシステムを開発するための秘訣も学ぶことになる。そして、防御手段の開発にとどまらず、敵対的学習を使用して機械学習モデルを攻撃する方法を確認する。本書『セキュリティエンジニアのための機械学習』は、教育的および実践的な価値を提供する。

本書の対象読者

　本書『セキュリティエンジニアのための機械学習』は、機械学習を使ってどのように情報セキュリティ対策を行うことができるのか、ということに興味のある読者向けの書籍である。Python の基本的な知識が必要だが、機械学習に関する予備知識は必要ない。

本書の内容

1章　情報セキュリティエンジニアのための機械学習入門

　読者に、なぜ情報セキュリティエンジニアにとって機械学習の知識が必要になってきているのかについて説明する。また、本書のコードを実行するための環境について解説する。

2章　フィッシングサイトと迷惑メールの検出

3種類の機械学習アルゴリズムを使用して、フィッシングサイトや迷惑メールを検出するための機械学習モデルの構築方法を案内する。

3章　ファイルのメタデータを特徴量にしたマルウェア検出

マルウェアを解析するためのさまざまな手法を説明したあと、機械学習ベースのマルウェア検出器を開発するための、いくつかの手法を紹介する。

4章　ディープラーニングによるマルウェア検出

前章で学んだことの応用として、マルウェア検出のためのディープラーニングの使用法について紹介する。

5章　データセットの作成

機械学習の研究の実現やシステムの開発にはデータセットが必要となる。この章では、データセットそのものをどのようにして作成するのか、その手法について実際のライブラリの使用法やコードを示す。

6章　異常検知

季節調整のような異常検知のための前提知識について解説する。また、そうした知識を生かして、ログから異常を検出する方法について実際のコードを示す。

7章　SQLインジェクションの検出

10年以上前から被害が発生しており、現在もなおその悪用による被害が続いているSQLインジェクションの検出方法として、データセットから特徴量を生み出す方法と、機械学習を使用した検知手法について学習する。

8章　機械学習システムへの攻撃

敵対的機械学習を使用してどのように機械学習ベースのシステムを迂回できるかについて実演する。現在までに考案されている迂回手法について実際のコードを示し、その基礎を学ぶ。

9章　深層強化学習によるマルウェア検知器の回避

前章の応用として、実際のアンチウイルス製品が機械学習を悪用した攻撃によって回避された事例や、機械学習を使用したマルウェア検出器の回避方法、および機械学習ベースの検器を機械学習を使用して回避する方法について説

明する。

10章　機械学習のヒント

読者に機械学習ベースのシステムのベストプラクティスを紹介する。

本書を最大限に活用するためには

本書の読者は、基本的な情報セキュリティの概念を学んでおり、同時にPythonによるプログラミングの経験があることを、筆者らは前提にしている。また本書で紹介するいくつかのポイントでは、さらなる研究と練習が必要になることがある。

バグ、タイプミス、エラーを見つけた場合には、本書のGitHubリポジトリをチェックし、更新されたコードがないか確認すること。

表記について

本書では、情報の種類によって以下のように書体を使い分けている。

本文中のコード、データベースのテーブル名、ディレクトリ名、ファイル名、ファイル拡張子、パス名、ダミーURL、ユーザー入力、Twitterのハンドルネームは、次のように表記する。

NumPyは、npという名前でインポートすることが多い。また、scikit-learnから前処理用のpreprocessingというパッケージをインポートする。

コードのブロックは、次のように表記する。

```python
output = run(0, x, parent(x, 'Adam'))
for item in output:
    print(item)
```

新しい用語や**重要な単語**は、太字で表記する。

メニューやダイアログボックスなど、画面に表示される語句は、次のように表記する。

右上のメニューから ［New▼］ → ［Python 3］ を選択する。

ヒントや示唆、興味深い事柄に関する補足を示す。

 ライブラリのバグやしばしば発生する問題などのような、注意あるいは警告を示す。

サンプルコードのダウンロード

日本語版のサンプルコードは以下から入手できる。

https://github.com/oreilly-japan/ml-security-jp

意見と質問

本書（日本語翻訳版）の内容については、最大限の努力をもって検証、確認しているが、誤りや不正確な点、誤解や混乱を招くような表現、単純な誤植などに気がつかれることもあるかもしれない。そうした場合、今後の版で改善できるよう知らせてほしい。将来の改訂に関する提案なども歓迎する。連絡先は次のとおり。

株式会社オライリー・ジャパン
電子メール japan@oreilly.co.jp

本書のWebページには次のアドレスでアクセスできる。

https://www.oreilly.co.jp/books/9784873119076
https://github.com/oreilly-japan/ml-security-jp（日本語版コード）
https://www.packtpub.com/product/mastering-machine-learning-for-penetration-testing/9781788997409（英語）

オライリーに関するその他の情報については、次のオライリーのWebサイトを参照してほしい。

https://www.oreilly.co.jp/
https://www.oreilly.com/（英語）

謝辞

いつも助けてくれる両親と友人に感謝する。

この本に関わる機会を与えてくれたPacktの皆さん、特にNithin、Heramb、Komal
に感謝する。

目 次

1章
情報セキュリティエンジニアのための機械学習入門

1.1 なぜ情報セキュリティエンジニアに機械学習の知識が必要なのか

人工知能（Artificial Intelligence：AI）技術が私たちの暮らしを変えている。たとえば画像認識の領域では、がん病変の内視鏡画像を学習させることによって、がんの内視鏡による診断支援技術が、その精度を飛躍的に向上させていることが知られている。ほかにも、私たちの暮らしを支える重要なインフラである水道管の劣化が問題となっているが、そうした水道管の配管素材や使用年数、過去の漏水履歴といった要素を使用して水道管の破損確率を算定し、破損する前に取替などの作業に着手ができることを実現するAI技術もある。あるいは、たとえば空間統計情報、天気予報、過去のタクシー乗車実績などの要素を活用して、タクシーの需要予測を算定し、効率的な配車に活用しているといった事例もある。このように、機械学習や機械学習の一種であるディープラーニングのようなAI技術が私たちの暮らしを変えているニュースは、いまや毎日のように耳にする。

情報セキュリティの領域もその例外ではない。たとえば**ウイルス対策ソフト**には、機械学習を使用したエンジンが搭載されるようになった。これは既知のマルウェア検体からメタデータを大量に抽出して学習させることで、既知の検体に相似したファイルを自動的に検出できる、というものだ。あるいは**侵入検知システム**（Intrusion Detection System：IDS）の製品として、平常時の通信状況を学習させたうえで、その平常の範囲に当てはまらないものを異常として見つけ出すことで検知をする、というものも存在する。また、自然言語処理を使って**迷惑メールを検出するソフト**も2000

年代初頭から存在している[†1]。さらには、情報セキュリティ対策製品が発出するアラートや、PC端末などのログを相関的に処理し、それらのパラメータを使って訓練させることで、機械学習による異常検知を実現する **UEBA**（User and Entity Behavior Analytics）製品も市場に投入されるようになった。

　したがって、こうした機械学習によって実現された製品やソフトが生成するログや結果を情報セキュリティエンジニアが目にすることは日常になってきている。しかしながら、そうした機械学習によって導かれた結果が誤ったものであったとしたらどうだろうか。仮にあなたがそうした製品の運用を任されているとしたら、誤検知や見逃しが発生したのであれば、製品の開発元に連絡すれば、いったんは問題の解決の糸口を見出すことができるかもしれない。だが、そのあとの事象の再現や再発予防策の案出といった場面ではどうだろうか？ もし、機械学習の知識を持ったエンジニアであれば、検出に使用している特徴量などはベンダーがブラックボックスにしていることが一般的ではあるものの、検知の傾向などから間違いやすい通信やデータを推定できる可能性がより高まるはずだ。そしてそのことが、現場における課題解決につながりうるのだ。自分たちでそうした製品を開発しているのであれば、なおさらだ。よって、情報セキュリティエンジニアも、機械学習の知識を得ることは有用なのである。

　本書では、こうした情報セキュリティの領域で使用されている機械学習の技術が使用しているであろうアルゴリズムや、データセット・特徴量などをPythonによるコードを中心に示している。また、それらのコードとデータセットを読者が実際に手を動かして試すことによって、そうした技術の習得や、研究への活用に役立てられるだろう。

　それでは、始めよう。まずは、本書のコードを試すための環境の紹介だ。

1.2　本書のコードサンプルの実行環境

　本書のコードサンプルの標準実行環境は、Google Colaboratoryである。またPython 3を使用する。

　もちろん、ローカルに機械学習用の環境を用意するためには、Anaconda[†2]のよう

[†1] 「POPFile - Automatic Email Classification」
https://getpopfile.org/

[†2] Anaconda | The World's Most Popular Data Science Platform
https://www.anaconda.com/
現在、200人以上の営利企業内でAnacondaを商用目的で使用する場合は、有償である。

なパッケージを利用すれば、その目的を容易に実現することができる。Anacondaは、データサイエンス向けのPythonパッケージなどを一括で提供するプラットフォームである。科学技術計算などを中心とした、多くのモジュールやツールのコンパイル済みバイナリファイルを提供しており、Pythonを使った機械学習のための環境を簡単に構築できる。しかしながら、日本語環境のようなマルチバイト環境下においては、単純にAnacondaをインストールしたとしても、エラーが出るなどの、あまり本質的でないトラブルに悩まされることもある。こうしたトラブルを避けるための、ひとつの解としてオンラインサービスの利用があげられる。その中でも、Jupyter Notebookを使えるサービスがおすすめだ。

Jupyter Notebookは、プログラムのコーディングや実行結果のログ、グラフによる可視化、あるいはコードのコメントやメモといった文書などを、ノートブックと呼ばれるファイル形式にまとめて、一元的に管理することを目的としたオープンソースツールのひとつである。本書の日本語版翻訳時点において、Jupyter Notebookによく似たインタフェースを持ち、クラウド上で実行されるプログラミング環境としては、次のものがあげられる。

- Google Colaboratory（https://colab.research.google.com/）
- Kaggle（https://www.kaggle.com/）
- JetBrains Datalore（https://datalore.jetbrains.com/）
- CoCalc（https://cocalc.com/）
- binder（https://mybinder.org/）

これらは特定バージョンのPythonやライブラリのインストール、あるいは設定が不要であり、なおかつ無料で利用することができる。そして、こうしたサービスを利用すると、比較的容易にコードの作成や実行、その結果の保存や共有などを可能にする環境が手に入ることになる。また、計算リソースへのアクセスをブラウザからすべて行える点も、ハードウェア資源の調達といった面から利便性が高い。

以上のようなメリットから、上述のサービスのうち、本書のコードサンプルの標準実行環境をGoogle Colaboratoryとしている。本書で使用している、ほとんどのPythonライブラリがインストール済みであり、メモリなどのリソースも潤沢であるためだ。また、作成したコードもGoogle Driveに自動で保存されるので、あとでコードを見直したり、別のプロジェクトに転用したりといったことも簡単にできることも理由のひとつだ。

本書で使用する主要なパッケージは次のとおりである。

- NumPy
- SciPy
- LightGBM
- TensorFlow
- Keras
- pandas
- MatplotLib
- scikit-learn
- optuna

optuna以外のパッケージはGoogle Colaboratoryにデフォルトでインストール済みだ。こうした機械学習を学ぶための環境として、Google Colaboratoryの使用法について説明していく。

1.2.1　Google Colaboratory入門

Google Colaboratory を使用するには Google アカウントが必要である。よって Google アカウントを登録・ログインしたうえで、Google Colaboratory（https://colab.research.google.com/）の Web サイトにアクセスする。まずはノートブックを作ってみよう。Google Colaboratory のトップページから**図1-1**のように［ノートブックを新規作成］を選択する。

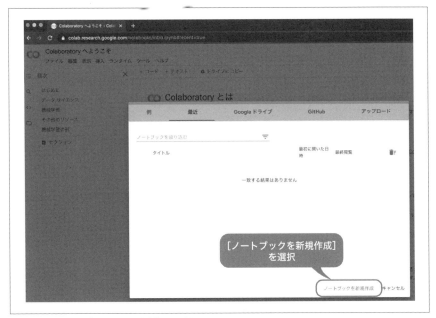

図1-1 ［ノートブックを新規作成］を選択

　［ファイル］メニューから［ノートブックを新規作成］を選択しても同様に作成できる（**図1-2**）。

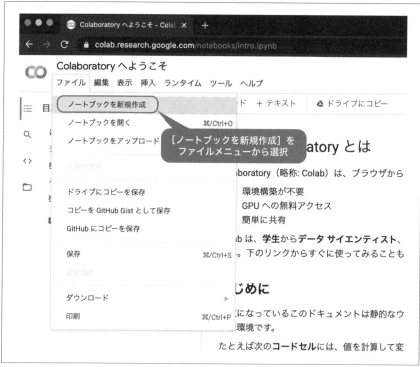

図1-2 ［ファイル］メニューから［ノートブックを新規作成］を選択

ノートブックにはセルと呼ばれる領域があり、ここにコードを入力することでコードを実行できる（**図1-3**）。

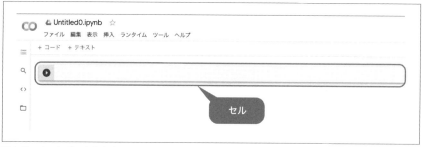

図1-3 ノートブックのセル

　それでは最初のコードを実行してみよう。**図1-4**のように、セルに「Hello World!」
を出力するprint文を入力し、左側の再生ボタンを押下してみよう。すると、「Hello
World!」がセルの下に出力として表示される。なお、出力がない場合は何も出力され
ないので注意すること。

図1-4　コードのサンプル実行

　左上にある［+コード］を押下すると、セルが追加される。この入力セルにコード
を追加し、さらに実行していくことができる。また、変数に値を追加した場合、その
変数は引き継がれ、次のセルでも使用できる。なお［+コード］の隣にある［+テキ
スト］を押下すると、メモやコードのコメントなどをMarkdown記法で記述できる。

1.2.2　GPU/TPUランタイムへの変更

　Google Colaboratoryではランタイムと呼ばれるインスタンスを変更することで、
さらに強力なハードウェア資源を利用することもできる。GPUのほかに、Googleの
開発した**TPU**（Tensor Processing Unit）の利用も可能である。ランタイムを切り替
えるには、メニューの［ランタイム］から［ランタイムのタイプを変更］を選択する
（**図1-5**）。

図1-5　ランタイムのタイプの変更。GPUやTPUを使用することができる

　ハードウェアアクセラレータの指定で［GPU］を選択して保存すると、GPUランタイムに切り替えることができる。なお切り替えたあとには、以前のコードの実行結果などは保存されていないので、コードセルを再実行しなければならない。

1.2.3　OSコマンドの実行とパッケージの追加

　Google Colaboratoryでは、セルからOSコマンドを実行することができる。コマンドを実行するには、セルの行頭にエクスクラメーションマーク（!）を入力し、続けてコマンドを指定して再生ボタンを押下すればよい。**図1-6**は、lsコマンドをセルから実行した例だ。本書ではデータセットをダウンロードする際にwgetコマンドを使用することがよくある。

図1-6　lsコマンドの実行例

　また、すでに述べたとおり、Google Colaboratoryは機械学習を使用するために必要なライブラリが多数インストール済みの状態で提供されている。一方で、それだけでは足りず、追加でライブラリなどをインストールする必要が生じる場合もある。本書では、Preferred Networksが提供している、機械学習モデルのハイパーパラメータ

の最適化用のベイズ最適化パッケージであるoptunaを追加でインストールすること
が頻繁にある。そうしたパッケージを追加するためには、先のコマンド実行と同様の
手順でpipを使用する。pipはThe Python Package Indexに公開されているPython
パッケージのインストールなどを行うユーティリティであり、パッケージ間の依存関
係なども自動的に解消してくれる。**図1-7**は、Google Colaboratoryからpipを使っ
てoptunaをインストールした例だ。うまくパッケージがインストールできると、出
力の最終行に「Successfully installed～」と表示される。

図1-7　pipによるoptunaパッケージのインストール例

1.2.4　GitHub上のサンプルコードの実行方法

Google Colaboratoryは、GitHub上の.ipynbファイル（iPython Notebook形式
のファイル）を直接ロードすることができる。そのためには、ブラウザのアドレス
バーにhttps://colab.research.google.com/ に続けて、GitHub上の.ipynbファイル
のURLを.comを省略して入力すればよい。

たとえば、本書の2章のノートブック（https://github.com/oreilly-japan/ml-
security-jp/blob/master/ch02/Chapter2.ipynb）をロードするには、ブラウザのアド
レスバーに https://colab.research.google.com/github/oreilly-japan/ml-security-
jp/blob/master/ch02/Chapter2.ipynbと入力すればよい。

1.2.5　Google Colaboratoryの制限事項

Google Colaboratoryにはいくつかの制限事項がある。そのうち、主要な2つにつ
いて説明しよう。

セッション切れによる自動停止

　　ブラウザのアイドル状態（何もしない）がおよそ90分続く[†3]と、変数に格納
　　されているデータ、一時的にアップロードされているファイルなどはクリアさ
　　れる。対策としては、マウントしたGoogle Driveにファイルや訓練途中のモ
　　デルを保存することがあげられる。

インスタンスの最大維持時間12時間

　　アイドル状態か否かにかかわらず、インスタンスの最大維持時間は12時間で
　　ある。よって、たくさんの計算を長時間させていたとしても、最大半日で計算
　　は途中で止まってしまうことになる。

　本書ではこれらの制限内に収まるようなコードやデータセットを使用しているが、
場合によっては、こうした制限事項によって訓練が途中で止まってしまうといった事
態がありうる、という点については承知しておいていただきたい[†4]。

1.3　機械学習によるモデル開発の進め方

　Google Colaboratoryのような環境を手に入れることができたとする。次に、何ら
かのデータを入手し、そのデータをもとに機械学習を使用し、何かしらの問題の解決
を試みようとした場合は、およそ**図1-8**のようなステップをたどることになるだろう。
図中に示すとおり、「探索的データ分析・特徴量エンジニアリング」と「モデルの訓練
と評価」を何度も繰り返し、試行錯誤することで、よりよい性能を獲得できるだろう。

---

†3　訳注：Google Colaboratoryの「よくある質問」に、かつて存在した制限事項をもとに記載。現在は時間な
　　どは明記されていないようだ。
　　https://research.google.com/colaboratory/faq.html
†4　なお、有償版のGoogle Colab Proが存在しており、これを利用するとインスタンスの最大維持時間が倍の
　　24時間になる。その他、使用可能なメモリが倍になり、ディスク容量が大きくなり、より強力なGPUが利
　　用可能になる、といったメリットを月額1,000円程度で享受できる。2021年8月からはさらにその上位版
　　であるColab Pro+ も利用可能となり、こちらは月額5,200円程度となっている。

図1-8　機械学習を使ったモデル開発のステップ

それぞれの工程の概要を次に示す。

データセットの作成

データの収集・ラベリングを実施する。

データセットの読み込み・前処理

データセットをロードし、前処理として欠損値の処理や、データのクレンジング（ノイズの除去など）を行う。

探索的データ分析・特徴量エンジニアリング

読み込んだデータの全体像を把握し、特徴量を選択する。また、探索的データ分析の結果や、その分野固有の専門知識（ドメインナレッジ）をもとに特徴量を設計・作成する。

モデルの訓練と評価

準備したデータを使ってモデルを訓練する。あるいは、アンサンブルのようなより複雑なモデルを使用したり、アルゴリズムで使用するハイパーパラメータを調整する。そして訓練に使用したものとは別のデータを使用して評価を行う。所期の目標を満たさない場合には、ひとつ前のステップにいったん戻り、特徴量を再検討する。

デプロイ

比較対象としているほかの手段よりも評価指標などが上回った場合や、所期の目標に到達した場合にデプロイする。

これらのステップと比較するとやや前後するところもあるが、本書の2章から4章

までは、一般に公開されているデータセットを使用して、水準となるようなモデルを
いくつかのアルゴリズムを使用して作成したうえで、ハイパーパラメータチューニン
グを行う方法を説明している。また5章では、そもそもどのようにしてデータセット
を作成するのか、その手法を解説している。6章では時系列分析を使った教師なし学
習について説明し、7章ではSQLインジェクションの検出をテーマにしながら、探索
的データ分析と特徴量エンジニアリングについても解説している。

　さらに8章では、機械学習を使用したシステムへの基本的な攻撃手法について説明
し、9章では機械学習を使用したシステムへの攻撃手法の具体例として、機械学習に
よるマルウェア検出システムに対する、機械学習を使った攻撃手法について説明して
いる。そして10章では、機械学習を使った開発のヒントを提示する。

1.4　まとめ

　本章では、機械学習を使用した開発のための環境について紹介した。次の章から、
いよいよ情報セキュリティ領域における実際の機械学習の活用方法について詳しく触
れていく。

1.5　練習問題

　この章に練習問題はない。

2章
フィッシングサイトと
迷惑メールの検出

　ソーシャルエンジニアリングは、現代のあらゆる個人や組織が直面している、最大の脅威のひとつである。よく知られているソーシャルエンジニアリングを悪用した手口のひとつに、フィッシングがある。攻撃者は偽装したメールやWebサイトを使い、企業に攻撃を仕掛ける。膨大な数のメールを受信する企業では、それらすべてを検出することはできない。それゆえに、フィッシングに対する防御のために新しい手法と保護策が必要なのだ。この章では、まずは機械学習の手法に読者が慣れるために、フィッシングサイトおよび迷惑メールの検出器の開発を通して、データセットのロード方法、データセットの分割、ハイパーパラメータのチューニング、訓練、結果の評価という一連のステップについて解説していく。

　本章では、次の内容を取り扱う。

- ソーシャルエンジニアリングの概要
- フィッシングサイト検出器の開発
  - ロジスティック回帰を使ったフィッシングサイト検出
  - 決定木を使ったフィッシングサイト検出
- 迷惑メール検出器の開発
  - NLP概論
  - tf-idfを使った迷惑メール検出

2.1　ソーシャルエンジニアリングの概要

　ソーシャルエンジニアリングとは、その定義では、有用かつ機密性の高い情報を入手するために行う、他者への心理的操作である。言い換えるならば、犯罪者はソー

シャルエンジニアリングを使用し、他者を騙すことで機微な情報を手に入れるのだ。

ソーシャルエンジニアリングの手法は複数ある。たとえば次のようなものだ。

誘惑

> 対象者に報酬や贈り物をすることを約束し、情報を明らかにするよう説得する。

なりすまし

> 関係者のふりをする。

ゴミ箱漁り

> ゴミ箱から（住所や電子メールアドレスなどの記載された紙といった）有用な情報を集める。

ショルダーハック

> 他人がキー入力をしているときに、その画面を背後から盗み見る。

フィッシング

> 最もよく使われる手法である。実在する企業や組織を騙り、攻撃者が対象者に電子メール、またはSMSなどを送信し、偽サイトにアクセスさせてIDやパスワード、電話番号、クレジットカード番号などを入力させる。また対象者を騙す偽サイトを、フィッシングサイトと呼ぶ。

2.2　フィッシングサイト検出器の開発

この節では機械学習によるフィッシングサイト検出器の開発法について説明する。ここでは次の2つの手法を用いる。

- ロジスティック回帰を使用したフィッシングサイト検出
- 決定木を使用したフィッシングサイト検出

2.2.1　ロジスティック回帰を使用したフィッシングサイト検出

本項では、ロジスティック回帰アルゴリズムを使用して、フィッシングサイト検出器をゼロから開発する。ロジスティック回帰は、二項分類（2種類にグループ分けする）を行うために使用される、よく知られた統計的手法である。

あらゆる機械学習を使ったプロジェクトと同様に、ここでも機械学習モデルを

実現するためのデータが必要となる。この検出器では、UCI Machine Learning Repositoryのフィッシングサイトのデータセット（https://archive.ics.uci.edu/ml/datasets/Phishing+Websites）を使用する（**図2-1**）。

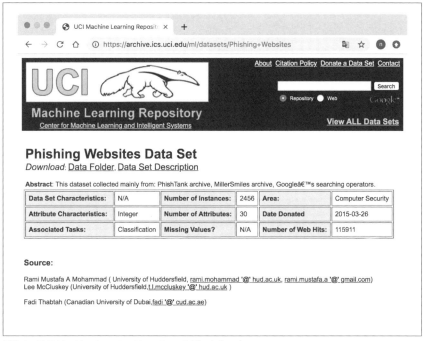

図2-1　UCI Machine Learning Repositoryのデータセット

　このデータセットはarff形式[†1]のファイルで提供されている。

---

†1　データサイエンスという分野は最近になって急激な盛り上がりを見せているが、実はこうした盛況が生まれる前から専門の研究者は多数存在していた。そのうちの一派でWekaというJava製のソフトウェアを中心としたグループが存在する。Wekaはいわゆる「ビッグデータ」のようなサイズの大きなデータセットが流通する以前に開発されたものであり、比較的小さなサイズのデータを扱うのに向いている。このWekaではarffと呼ばれる独自のフォーマットでデータを扱うことが多く、データとその属性などをひとつのファイルに記述できる。本文中で示されているのはまさにこの独自のフォーマットを指している。なお、Pythonを始めとした最近のデータサイエンスではあまり使われることはなくなった（今回もcsv形式に変換している）。

```
@relation test

@attribute having_IP_Address  { 1,0 }
@attribute URL_Length   { 1,0,-1 }
@attribute Shortining_Service { 0,1 }
@attribute having_At_Symbol   { 0,1 }
@attribute double_slash_redirecting { 1,0 }
@attribute Prefix_Suffix  { -1,0,1 }
@attribute having_Sub_Domain  { -1,0,1 }
@attribute SSLfinal_State  { -1,1,0 }
@attribute Domain_registeration_length { 0,1,-1 }
@attribute Favicon { 0,1 }
@attribute port { 0,1 }
@attribute HTTPS_token { 1,0 }
@attribute Request_URL  { 1,-1 }
@attribute URL_of_Anchor  { -1,0,1 }
@attribute Links_in_tags  { 1,-1,0 }
@attribute SFH  { -1,1 }
@attribute Submitting_to_email { 1,0 }
@attribute Abnormal_URL { 1,0 }
@attribute Redirect  { 0,1 }
@attribute on_mouseover  { 0,1 }
@attribute RightClick  { 0,1 }
@attribute popUpWidnow  { 0,1 }
@attribute Iframe { 0,1 }
@attribute age_of_domain  { -1,0,1 }
@attribute DNSRecord  { 1,0 }
@attribute web_traffic  { -1,0,1 }
@attribute Page_Rank { -1,0,1 }
@attribute Google_Index { 0,1 }
@attribute Links_pointing_to_page { 1,0,-1 }
@attribute Statistical_report { 1,0 }
@attribute Result  { 1,-1 }
```

データセットの一部を以下に示す。

```
@data
1,1,0,0,1,-1,-1,-1,0,0,0,1,1,-1,1,-1,1,1,0,0,0,0,0,-1,1,-1,-1,0,1,1,1
0,1,0,0,0,-1,0,1,0,0,0,1,1,0,-1,-1,0,0,0,0,0,0,0,-1,1,0,-1,0,1,0,1
0,0,0,0,0,-1,-1,-1,0,0,0,1,1,0,-1,-1,1,1,0,0,0,0,0,0,1,1,-1,0,0,1,1
0,0,0,0,0,-1,-1,-1,1,0,0,1,-1,0,-1,0,0,0,0,0,0,0,0,-1,1,1,-1,0,-1,0,1
0,0,1,0,0,-1,1,1,0,0,0,0,1,0,-1,0,0,0,1,0,1,0,-1,1,0,-1,0,1,0,-1
1,0,1,0,1,0,1,1,0,0,0,1,1,0,0,-1,1,1,0,0,0,0,0,0,1,0,0,-1,1,-1
0,-1,0,0,0,-1,-1,1,-1,1,0,1,1,0,-1,-1,1,1,0,1,0,1,1,1,1,1,1,0,0,1,-1
0,-1,0,0,0,1,1,1,-1,0,0,0,1,1,1,1,1,1,0,0,0,0,0,1,0,-1,-1,0,-1,1,-1
```

```
0,0,0,0,0,0,-1,1,-1,0,0,0,1,0,1,-1,1,1,0,0,0,0,0,1,0,1,0,0,0,1,-1
0,0,0,0,0,0,0,0,1,0,0,0,-1,-1,-1,-1,1,1,0,0,0,0,0,0,1,1,-1,0,1,1,1
0,0,0,0,0,-1,-1,-1,-1,0,0,1,1,-1,0,-1,0,0,0,0,0,0,0,-1,1,-1,-1,0,1,0,1
0,0,0,0,0,0,-1,1,0,1,0,1,-1,-1,0,-1,0,0,0,1,0,1,1,-1,1,0,-1,0,0,0,1
0,0,0,0,0,0,-1,-1,1,1,0,0,-1,-1,0,-1,0,0,0,1,0,1,0,-1,1,0,0,0,0,0,1
0,1,0,0,0,1,-1,1,-1,0,0,0,1,1,-1,1,1,1,0,0,0,0,0,1,1,1,-1,1,1,1,-1
0,-1,0,0,0,0,0,-1,0,0,0,1,-1,1,0,-1,0,0,0,0,0,0,0,-1,1,1,0,0,0,0,-1
0,-1,0,0,0,1,1,1,-1,0,0,1,1,1,0,-1,0,0,0,0,0,0,0,0,1,1,-1,0,0,0,-1
1,-1,1,0,1,0,1,1,0,0,0,1,1,0,-1,-1,0,0,1,0,0,0,0,1,1,1,0,1,-1,0,-1
0,-1,0,0,0,-1,-1,-1,1,1,1,0,-1,-1,-1,-1,1,1,0,1,0,1,0,-1,1,1,-1,0,-1,1,1
0,-1,0,0,0,-1,0,0,1,1,0,1,-1,-1,0,-1,1,1,0,1,0,1,0,1,1,-1,-1,0,0,1,1
...
```

データ操作をより容易にするために、データセットを**図2-2**のようにcsv形式に変換した。

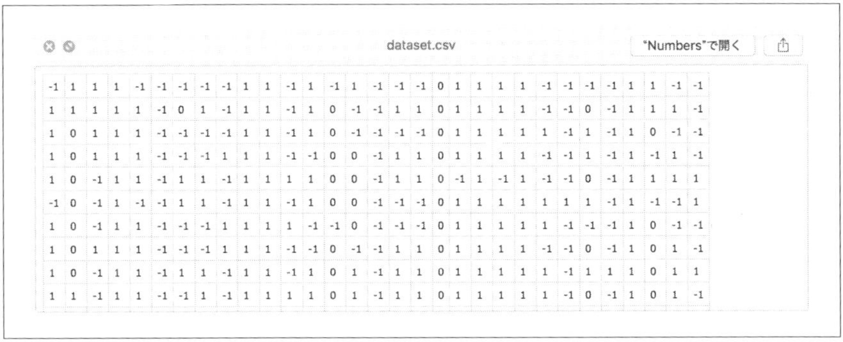

-1	1	1	1	-1	-1	-1	-1	-1	1	1	-1	1	-1	1	-1	-1	-1	0	1	1	1	1	-1	-1	-1	-1	1	1	-1	-1
1	1	1	1	1	-1	0	1	-1	1	1	-1	1	0	-1	-1	1	1	0	1	1	1	1	-1	-1	0	-1	1	1	1	-1
1	0	1	1	1	-1	-1	-1	-1	1	1	-1	1	0	-1	-1	-1	-1	0	1	1	1	1	1	-1	1	-1	1	0	-1	-1
1	0	1	1	1	-1	-1	-1	1	1	1	-1	-1	0	0	-1	1	1	0	1	1	1	1	-1	-1	1	-1	1	-1	1	-1
1	0	-1	1	1	-1	1	1	-1	1	1	1	1	0	0	-1	1	1	0	-1	1	-1	1	-1	-1	0	-1	1	1	1	1
-1	0	-1	1	-1	-1	1	1	-1	1	1	-1	1	0	0	-1	-1	-1	0	1	1	1	1	1	1	1	-1	1	-1	-1	1
1	0	-1	1	1	-1	-1	-1	1	1	1	1	-1	-1	0	-1	-1	-1	0	1	1	1	1	1	-1	-1	-1	1	0	-1	-1
1	0	1	1	1	-1	-1	-1	1	1	1	-1	-1	0	-1	-1	1	1	0	1	1	1	1	-1	-1	0	-1	1	0	1	-1
1	0	-1	1	1	-1	1	1	-1	1	1	-1	1	0	1	-1	1	1	0	1	1	1	1	1	-1	1	1	1	0	1	1
1	1	-1	1	1	-1	-1	1	-1	1	1	1	1	0	1	-1	1	1	0	1	1	1	1	1	-1	0	-1	1	0	1	-1

図2-2　dataset.csvの一部

オリジナルのarff形式のデータには列名があったのでややわかりやすかったが、このcsvファイルからは列名が失われているので補足しておくと、このデータセットの各列は「30個の特徴量（having_IP_Address、URL_Length、……）＋1個のラベル（フィッシングサイトか、そうではないか）」のような形式をとっている（**図2-3**）。特徴量とは、予測や分類などをする対象の特徴・特性を数値的に表現したものである。

今回の対象は「フィッシングサイトかどうか」であり、各特徴量は「フィッシングサイトにありがちな特徴」である。具体的には、たとえば特徴量のひとつhaving_IP_Addressは、https://203.0.113.1/fake.htmlのように「ドメイン名ではなくIPアドレスを使用しているかどうか」である。この値が1であればドメ

イン名ではなくIPアドレスを使用しており、−1であればそうではないことを示している[†2]。

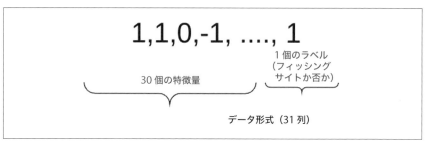

図2-3　データセットの構造

それでは、最初に非常にシンプルな検出器の開発に着手しよう。まずは先に説明したデータセットをダウンロードしよう。

```
!wget https://github.com/oreilly-japan/ml-security-jp/raw/master/ch02/dataset.csv
```

optunaパッケージをインストールする。optunaについてはあとで詳述する。

```
!pip install optuna
```

Pythonの環境を開き、次のように必要なパッケージをロードしよう。

```
from sklearn.linear_model import LogisticRegression
from sklearn.metrics import accuracy_score
from sklearn.model_selection import train_test_split
import numpy as np
import optuna
from sklearn.model_selection import cross_validate
```

次はデータのロードだ。

[†2]　このデータセットの各特徴量についてのさらなる詳細は http://eprints.hud.ac.uk/id/eprint/24330/6/ MohammadPhishing14July2015.pdf を参照のこと。

```
training_data = np.genfromtxt('dataset.csv', delimiter=',', dtype=np.int32)
```

変数Xには最終列以外のすべての列を、yには最終列（ラベル）を代入する。

```
X = training_data[:,:-1]
y = training_data[:, -1]
```

scikit-learnのtrain_test_splitを使用して、データセットを訓練用とテスト用に分割する。テスト用にはデータセットの20%を割り当てる。この方法は**ホールドアウト検証**（Hold-out Validation）と呼ばれ、モデルを訓練させる訓練データと、同モデルを評価するためのテストデータに分割している。なぜならば、すべてのデータを訓練用に使用してしまうと、その訓練データに過剰に適合したモデルになってしまう（過学習）おそれがある。分割したデータを使用することで、訓練データには含まれないデータ、すなわち未知のデータに対する性能を評価できるのだ。

```
X_train, X_test, y_train, y_test = train_test_split(
    X, y, test_size=0.2, shuffle=True, random_state=101)
```

scikit-learnのロジスティック回帰を使った検出器を作成する。そのために、まずは初期化を行う。

```
classifier = LogisticRegression(solver='lbfgs')
```

訓練用データを使って検出器を訓練する。

```
classifier.fit(X_train, y_train)
```

予測させる。

```
predictions = classifier.predict(X_test)
```

accuracy_scoreを使用して、このフィッシング検出器の正解率（**accuracy**）を出力させる。正解率とは、この場合フィッシング検出器の予測結果がフィッシングサイ

トをきちんと検出し、また、正規サイトをフィッシングサイトではないと判定できている割合のことである。

```
# このフィッシング検出器の正解率を出力させる
accuracy = 100.0 * accuracy_score(y_test, predictions)
print("The accuracy of your Logistic Regression on testing data is: {}".format(accuracy))
```

```
 1 X = training_data[:,:-1]
 2 y = training_data[:, -1]
 3
 4 X_train, X_test, y_train, y_test = train_test_split(
 5     X, y, test_size=0.2, shuffle=True, random_state=101)
 6
 7 classifier = LogisticRegression(solver='lbfgs')
 8
 9 # 訓練用データを使って検出器を訓練する。
10 classifier.fit(X_train, y_train)
11 # 予測させる。
12 predictions = classifier.predict(X_test)
13
14 # このフィッシング検出器の正解率を出力させる。
15 accuracy = 100.0 * accuracy_score(y_test, predictions)
16 print("The accuracy of your Logistic Regression on testing data is: {}".format(accuracy))

The accuracy of your Logistic Regression on testing data is: 92.22071460877432
```

図2-4　ロジスティック回帰を使った分類器の正解率

　この分類器の正解率はおよそ92%だ（**図2-4**）。フィッシングサイトとそうでないものを、およそ92%の割合で正しく見抜ける[†3]ということになる。さらに、交差検証を行って汎化性能を評価しよう。scikit-learnにはK分割交差検証[†4]をしてくれるパッケージ（`cross_val_score`）があるので活用しよう。今回はデータセットを5分割している。また`mean()`を使って5分割した結果の正解率の平均を出力している。

[†3]　正解率を解釈する際には「正解ラベルが偏っているかどうか」が重要となる点に注意。たとえば、あるデータセット内の分布として、正解ラベルに正の値が90%、負の値が10%の割合だったとする。この場合、常に正と判定するモデルを使えば正解率は90%となる。よって、このようなデータセットの場合には最低でも90%以上の正解率のモデルでなければ信頼に足らなくなる。

[†4]　用意したデータをK個に分割して、1つのデータ以外を訓練データとして訓練に使用し、残りのデータで評価を行う。次に1回目と異なる別のデータをテストデータとして、残りのデータで訓練する。これをK回行い、各回で測定した精度の平均をとる方法。データセットによっては特定の部分に偏りがあったりするため、性能の低下を招くことがある。これを防ぐための手段のひとつ。

```
from sklearn.model_selection import cross_val_score

# 交差検証(5分割)による汎化性能の評価
scores = cross_val_score(classifier, X_train, y_train, cv=5)
# 評価結果の出力
print("Evaluated score by cross-validation(k=5): {}".format(100 * scores.mean()))
```

交差検証の結果も92%程度の正解率を示している（**図2-5**）。

```
1 from sklearn.model_selection import cross_val_score
2
3 # 交差検証(5分割)による汎化性能の評価
4 scores = cross_val_score(classifier, X, y, cv=5)
5 # 評価結果の出力
6 print("Evaluated score by cross-validation(k=5): {}".format(100 * scores.mean()))

Evaluated score by cross-validation(k=5): 92.2568973315242
```

図2-5 交差検証による検出器の汎化性能の評価

2.2.1.1 ハイパーパラメータのチューニング

　次に、ハイパーパラメータのチューニングを行ってみよう。ハイパーパラメータとは、機械学習アルゴリズムの挙動を制御するためのパラメータのことだ。ハイパーパラメータの調整は、機械学習アルゴリズムが力を発揮するためにはほぼ不可欠といえる。ハイパーパラメータのチューニングには、主に次の2つの手段が存在する。

- 手動で調整する
- チューニングツールを使用する

　手動で調整していく方法は、チューニングツールの仕様に比べて速さが得られることが大きなメリットとなるが、一方で経験や勘といった属人性が高くなってしまうデメリットがある。そこで本書では後者のチューニングツールを使っていくことにする。チューニングツールの一例として、scikit-learnにはモデルのハイパーパラメータをチューニングするためのGridSearchCVが用意されている。しかしこの方法は、総当たりの手法をとるので非常に時間がかかってしまうという難点がある。よって、このハイパーパラメータチューニングの課題を解くための手段として、本書

では Preferred Networks の optuna を使用する。optuna は Tree-structured Parzen Estimator というベイズ最適化アルゴリズムの一種を使用して、有望な値を履歴に基づいて効率的に見つけ出す、ということを繰り返してくれるものだ。タイムアウト値も設定できるので、指定の時間内に最適なハイパーパラメータをチューニングするということもできる。このため期限内である課題を解決しなくてはならない、といった目的により適している。

それでは optuna を使用し、ロジスティック回帰に最適なハイパーパラメータをチューニングするために、次のクラスを用意する。__call__ はこのオブジェクトが呼び出されたときに実行されるコードである。変数 params にはチューニングすべきパラメータを設定する。今回はチューニング対象に solver、C、max_iter を指定している。今回はアルゴリズムに LogisticRegression を使用しているが、チューニング対象とするパラメータにどのようなものがあり、そしてそのパラメータがどのような値をとりうるかは、scikit-learn の LogisticRegression のマニュアルページ[5]を確認するとよい。今回は時間の節約のために、3つのパラメータだけに絞って探索を行っている。もし時間や計算資源にゆとりがあれば、さらに多くのパラメータをチューニングすることもできるだろう。さて、今回はパラメータ solver にはカテゴリとして5つの値を選択肢として与えている。さらに C の探索幅を 0.0001 から 10 に設定し、max_iter の探索幅を 100 から 100000 に設定する。また、交差検証の scoring パラメータに accuracy を設定し、ハイパーパラメータチューニングの指標として、正解率の向上を目指すようにする。

```python
from sklearn.linear_model import LogisticRegression
from sklearn.metrics import accuracy_score
from sklearn.model_selection import train_test_split
import numpy as np
import optuna
from sklearn.model_selection import cross_validate

class Objective:
    def __init__(self, X, y):
        # 変数X, yの初期化
        self.X = X
        self.y = y
```

---

[5]　訳 注：https://scikit-learn.org/stable/modules/generated/sklearn.linear_model.LogisticRegression.html

```
    def __call__(self, trial):
        # ターゲットのハイパーパラメータの設定
        params = {
            # 最適化に使用するアルゴリズムの候補をカテゴリとして指定
            'solver' : trial.suggest_categorical('solver',\
                    ['newton-cg', 'lbfgs', \
                    'liblinear', 'sag', 'saga']),
            # 正則化の強さに0.0001から10までを指定
            'C': trial.suggest_loguniform('C', 0.0001, 10),
            # ソルバーが収束するまでの最大反復回数
            'max_iter': trial.suggest_int('max_iter', 100, 100000)
            }

        model = LogisticRegression(**params)

        # 評価指標として正解率の最大化を目指す
        scores = cross_validate(model,
                                X=self.X, y=self.y,
                                scoring='accuracy',
                                n_jobs=-1)
        return scores['test_score'].mean()
```

optunaを起動して、ハイパーパラメータのチューニングを行う。optimizeメソッドのtimeoutに60を指定する。これは最大で60秒間チューニングさせることを意味する。もし時間やリソースに余裕があったり、よりよいハイパーパラメータをチューニングしたい場合には、この値をもっと大きくしてもよい。なお、導き出された最適なハイパーパラメータは毎回変わる可能性がある。

```
# ハイパーパラメータの探索
objective = Objective(X_train, y_train)
study = optuna.create_study(direction='maximize')
study.optimize(objective, timeout=60)
# ベストのパラメータの出力
print('params:', study.best_params)
```

optunaによってチューニングされた、最適なハイパーパラメータを使用して、テストデータを予測する。そして正解率と、confusion_matrixを使って混同行列を表示する。

```
 1 from sklearn.metrics import confusion_matrix, accuracy_score
 2
 3 model = LogisticRegression(
 4    # ハイパーパラメータ探索で特定した値を設定
 5    solver = study.best_params['solver'],
 6    C = study.best_params['C'],
 7    max_iter = study.best_params['max_iter']
 8 )
 9
10 model.fit(X_train, y_train)
11 pred = model.predict(X_test)
12 # 正解率の出力
13 print("Accuracy: {:.5f} %".format(100 * accuracy_score(y_test, pred)))
14 # 混同行列の出力
15 print(confusion_matrix(y_test, pred))

Accuracy: 92.40163 %
[[ 875  96]
 [ 72 1168]]
```

図2-6　ハイパーパラメータチューニングを行った結果

```
from sklearn.metrics import confusion_matrix, accuracy_score

model = LogisticRegression(
    # ハイパーパラメータ探索で特定した値を設定
    solver = study.best_params['solver'],
    C = study.best_params['C'],
    max_iter = study.best_params['max_iter']
)

model.fit(X_train, y_train)
pred = model.predict(X_test)
# 正解率の出力
print("Accuracy: {:.5f} %".format(100 * accuracy_score(y_test, pred)))
# 混同行列の出力
print(confusion_matrix(y_test, pred))
```

　わずかながらではあるが、ハイパーパラメータチューニングを行った結果、正解率の向上が確認できるだろう。その次の行に示されているのが混同行列だ。混同行列とは、クラス分類を行う際にどのクラスが正しく予測できているか、また、どう間違っているかを一目で確認できる表のことだ。

　混同行列について、ここで詳細に説明しておこう（**表2-1**）。

表2-1 混同行列

	予測結果	
	陰性	陽性
正解データ　陰性	真陰性（TN）	偽陽性（FP）
陽性	偽陰性（FN）	真陽性（TP）

　scikit-learn の混同行列の見方を、右下から時計回りに説明する。右下は**真陽性**（True Positive：TP）であり、すなわちこの場合、フィッシングサイトをフィッシングサイトであると、正しく検出できている数になる。

　次に左下は**偽陰性**（False Negative：FN）であり、これはフィッシングサイトをフィッシングサイトではないと、誤って見逃してしまっている数になる。

　そして左上は**真陰性**（True Negative：TN）であり、フィッシングサイトではないものをフィッシングサイトではないと、正しく検出できている数になる。

　最後に右上は**偽陽性**（False Positive：FP）であり、フィッシングサイトではないものをフィッシングサイトであると、誤検知してしまっている数になる。

　したがって、これらの要素を使った正解率（**Accuracy**）は、次の式で表現できる。

$$\text{Accuracy} = \frac{TP + TN}{TP + TN + FP + FN}$$

　また、フィッシングサイトを「誤検知しない割合」である適合率（**Precision**）は、次の式で表現できる。

$$\text{Precision} = \frac{TP}{TP + FP}$$

　ほかにもフィッシングサイトを「見逃さない割合」である再現率（**Recall**）であれば、次の式で表現できる。

$$\text{Recall} = \frac{TP}{TP + FN}$$

　以上を踏まえて今回のデータを見てみると、このフィッシング検出器は正解率はなかなかよいが、誤検知も見逃しもそれなりに生じている、ということがわかる（**図2-6**）。なお、一般的に混同行列は真陽性と真陰性の位置が逆に表現されて（真陽性が左上で真陰性は右下として）説明されることが多い。よって、これはscikit-learn特有の出力として確認しておくべきである。

　先に述べたとおり、より詳細に「誤検知しない割合」である適合率（**Precision**）を算出するために precision_score を使う。同様に、より詳細に「見逃ししない割

合」を確認するには再現率（**Recall**）を算出するために、recall_scoreを使う。

```
from sklearn.metrics import precision_score, recall_score

# 適合率の確認
print("Precision: {:.5f} %".format(100 * precision_score(y_test, pred)))
# 再現率の確認
print("Recall: {:.5f} %".format(100 * recall_score(y_test, pred)))
```

　ほかに、適合率と再現率のバランスを見るために使用できる評価指標として
F1-scoreがある。これは適合率と再現率の調和平均で算出される。なお、今回はハイ
パーパラメータチューニング前の結果も得てから比較することで、その効果を明らか
にした。したがってハイパーパラメータチューニングの有用性は明らかになったとし
て、これ以降は標準的にハイパーパラメータチューニングをしてから検出器や分類器
の評価をすることにしたい。

2.2.2　決定木を使用したフィッシングサイト検出

　それでは次に、別の機械学習アルゴリズムを使用し、2つ目の分類器を開発してみ
よう。データセットは前項と同じものを使用する。パッケージも同じものを使うの
で、ふたたびインポートする必要はない。ただし、決定木をsklearnからインポー
トする必要がある。

```
from sklearn.tree import DecisionTreeClassifier
```

2.2.2.1　ハイパーパラメータのチューニング

　前項と同様に、optunaを使用してこのアルゴリズムに最適なハイパーパラメータを
チューニングする。まずハイパーパラメータをチューニングするクラスObjective_
DTCを作成する。

　今回も時間の節約のため、optunaのチューニング対象パラメータの探索範囲を
少なめにしている。ひとつ前のモデル同様に、時間や計算資源に余裕があれば、ほ
かのパラメータをチューニング対象に入れることで、さらなる性能向上を目指す
のもよいだろう。ほかにどんなパラメータがあるのかについては、scikit-learnの
DecisionTreeClassifierのマニュアルを確認するとよい。

```python
from sklearn.tree import DecisionTreeClassifier
from sklearn.metrics import accuracy_score
import numpy as np
import optuna
from sklearn.model_selection import cross_validate

class Objective_DTC:
    def __init__(self, X, y):
        # 変数X,yの初期化
        self.X = X
        self.y = y

    def __call__(self, trial):
        # ターゲットのハイパーパラメータの設定
        params = {
            'criterion':\
            trial.suggest_categorical('criterion', ['gini', 'entropy']),
            'splitter':\
            trial.suggest_categorical('splitter', ['best', 'random']),
            'max_features':\
            trial.suggest_categorical('max_features', ['auto', 'sqrt', 'log2']),
            'min_samples_split':\
            trial.suggest_int('min_samples_split', 2, 64),
            'max_depth':\
            trial.suggest_int('max_depth', 2, 64)
            }

        model = DecisionTreeClassifier(**params)

        # 評価指標として正解率の最大化を目指す
        scores = cross_validate(model,
                                X=self.X, y=self.y,
                                scoring='accuracy',
                                n_jobs=-1)
        return scores['test_score'].mean()

objective = Objective_DTC(X_train, y_train)
study = optuna.create_study(direction='maximize')
# timeoutに60を指定し、最大で1分間探索させる
study.optimize(objective, timeout=60)
print('params:', study.best_params)
```

先の検出器と同じ手順を使って、チューニングされたハイパーパラメータで訓練された モデルを使い、テストデータを予測する。さらに予測結果の正解率と適合率、再現率、混同行列を表示する。前項の検出器よりも正解率が向上し、誤検知と見逃しも

低減していることが確認できるだろう（**図2-7**）。正解率の向上した理由が推察できるとすれば、特徴量ごとに評価する決定木のほうがアルゴリズムとして向いていた可能性があげられるだろう。

```python
from sklearn.metrics import confusion_matrix
from sklearn.metrics import accuracy_score, precision_score, recall_score

model = DecisionTreeClassifier(
    # ハイパーパラメータ探索で特定した値を設定
    criterion = study.best_params['criterion'],
    splitter = study.best_params['splitter'],
    max_features = study.best_params['max_features'],
    min_samples_split = study.best_params['min_samples_split'],
    max_depth = study.best_params['max_depth']
)

model.fit(X_train, y_train)
pred = model.predict(X_test)

# 正解率の出力
print("Accuracy: {:.5f} %".format(100 * accuracy_score(y_test, pred)))
# 適合率の出力
print("Precision: {:.5f} %".format(100 * precision_score(y_test, pred)))
# 再現率の出力
print("Recall: {:.5f} %".format(100 * recall_score(y_test, pred)))
# 混同行列の出力
print(confusion_matrix(y_test, pred))
```

```
 1 from sklearn.metrics import confusion_matrix
 2 from sklearn.metrics import accuracy_score, precision_score, recall_score
 3
 4 model = DecisionTreeClassifier(
 5     # ハイパーパラメータ探索で特定した値を設定
 6     criterion = study.best_params['criterion'],
 7     splitter = study.best_params['splitter'],
 8     max_features = study.best_params['max_features'],
 9     min_samples_split = study.best_params['min_samples_split'],
10     max_depth = study.best_params['max_depth']
11 )
12
13 model.fit(X_train, y_train)
14 pred = model.predict(X_test)
15
16 # 正解率の出力
17 print("Accuracy: {:.5f} %".format(100 * accuracy_score(y_test, pred)))
18 # 適合率の出力
19 print("Precision: {:.5f} %".format(100 * precision_score(y_test, pred,)))
20 # 再現率の出力
21 print("Recall: {:.5f} %".format(100 * recall_score(y_test, pred)))
22 # 混同行列の出力
23 print(confusion_matrix(y_test, pred))

Accuracy: 95.61284 %
Precision: 96.27530 %
Recall: 95.88710 %
[[ 925   46]
 [  51 1189]]
```

図2-7 決定木を使用し、ハイパーパラメータチューニングを行った検出器の結果

2.3 迷惑メール検出器の開発

　前節では、Web サイトから生成された離散的な特徴量を用いて、フィッシングサイトの検出を試みた。一方で、電子メールの文面のように自然言語で記述されたデータを分類したり、検出したいという要求は、情報セキュリティの世界でも十分ありうる。その一例は、日々私たちのメールボックスに届く、迷惑メールの検出だ。そのための技術について、目を向けてみよう。

2.3.1 NLP概論

　NLP（Natural Language Processing）とは、人間の言語を機械で分析して理解す

る技術である。多くの研究によると、使用されるデータの75%以上が非構造化データ
であるとされている。非構造化データとは、あらかじめ定義されたデータモデルを
持っていなかったり、あらかじめ定義された方法で整理されていないデータのことを
指す。電子メール、ツイート、LINEのメッセージ、録音された講演内容さえも非構
造化データの一形態だ。NLPは、機械が自然言語を分析し、理解し、自然言語から意
味を導き出すための方法である。NLPは、次のような多くの分野やアプリケーショ
ンで広く利用されている。

- リアルタイム翻訳
- 自動要約
- 感情分析
- 音声認識
- チャットボットの開発

一般に、NLPには次の2つの分野がある。

自然言語理解（Natural Language Understanding：NLU）
　　入力を有意義な表現に結びつけること。

自然言語生成（Natural Language Generation：NLG）
　　文章の要約、商品の紹介文、小説などの文章を生成すること。

　NLPを使ったあらゆる開発は、5つの手順を経ることになる（**図2-8**）。最初の手順
は、文章を単語に分解することである。この手順では、データを段落、文、そして単
語に分割する[†6]。次に、文に含まれる単語とその関係性を分析する。第3の手順は、
文章の意味を確認することである。そして、連続した文章の意味を分析する。最後
に、語用論的[†7]分析を行って終了する。

[†6]　訳注：この節で使用するデータセットは英語のものを使用している。したがって、単語と単語の間にはス
　　　ペースが存在しており、それを区切り文字として用いて単語を抽出し、自然言語処理を行うことができる。
　　　一方、日本語は単語間に区切りが存在しない膠着語であるため、MeCabやJanomeなどの形態素解析ライ
　　　ブラリを使用して単語を分割する必要がある。
[†7]　訳注：語用論とは、言語学の一分野であり、話し手と聞き手（あるいは書き手と読み手）を想定した場合、
　　　聞き手が「話し手が伝えたいと思っている意味」を理解できるのはどうしてか、ということを研究する分野
　　　である。

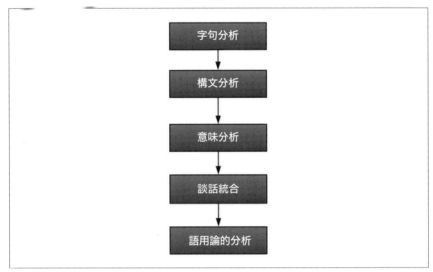

図2-8　自然言語処理の手順

2.3.2　tf-idfを使用した迷惑メール検出

　今回は自然言語処理の手法を使用して、迷惑メールを検出する検出器を構築してみ
よう。そのために Enron-spam データセットを使用する。V. Metsis らによって作成
されたこのデータセットでは、エンロン社の役員を中心とした約150人の利用者の
メールデータがディレクトリに整理されている。このデータは元々、同社が巨額の不
正経理・粉飾決算を行っていたことが明らかになった結果、破綻したことを受けて、
米国連邦エネルギー規制委員会の調査中に公開されたものをラベリングし、整理した
ものである。

　まずwgetコマンドを使ってデータセットをダウンロードする。

```
!wget https://github.com/oreilly-japan/ml-security-jp/raw/master/ch02/enron1.zip
```

zipファイルをunzipコマンドを使って展開する。

```
!unzip -q enron1.zip
```

展開されたenron1ディレクトリ内のサブディレクトリspam内には迷惑メールが、サブディレクトリham内には非迷惑メールのデータが存在する。このデータセットを使用して、分類器を訓練する。そのために、まずは関連パッケージをインポートしよう。

```
from sklearn.metrics import accuracy_score
from sklearn.model_selection import train_test_split
import numpy as np
import optuna
from sklearn.model_selection import StratifiedKFold, cross_validate
import os
import codecs
```

次に、前処理としてこれらのファイルの内容をリスト化するための関数を用意する。

```
def init_lists(folder):
    # 指定したディレクトリからファイルを読み取り、読み取った内容をリスト化する
    key_list = []
    file_list = os.listdir(folder)
    for filename in file_list:
        f = codecs.open(folder + filename, 'r', encoding='utf-8', errors='ignore')
        key_list.append(f.read())
    f.close()
    return key_list
```

この関数を使用して、まず指定したディレクトリ内からメールを読み取り、リスト化する。データセット内のspamディレクトリ内には迷惑メールが、hamディレクトリには通常のメールが入っているので、それぞれを読み取り、ラベルを設定してリストにする。

```
all_mails = list()
spam = init_lists('./enron1/spam/')
ham = init_lists('./enron1/ham/')
# リストにした迷惑メール(spam)と、通常のメール(ham)を別のリストにコピーし、
# 迷惑メールの場合はラベルを1に、そうでない場合は0にする
all_mails = [(mail, '1') for mail in spam]
all_mails += [(mail, '0') for mail in ham]
```

pandasを使ってリストをDataFrameに変換する。

```python
import pandas as pd
# DataFrameにメールの文面とラベルを列に設定してロードする
df = pd.DataFrame(all_mails, columns=['text', 'label'])
```

DataFrame の text 列に含まれるメールのテキストを、scikit-learn の Tfidf Vectorizer を使用してベクトル化する。tf-idf とは、Term Frequency（TF）と、Inverse Document Frequency（IDF）の略であり、それぞれ単語の出現頻度と、逆文書頻度を示す。逆文書頻度とは単語の希少さを示すものであり、単語が希少であれば高い値を、逆にいろいろな文書によく出現する単語であれば低い値をとる、という特徴を持つ。これを使って、メールのテキスト文書をベクトル化する。今回は stop_words[8]にenglishを指定し、一般的な単語をベクトル化の対象から除外している。総じて、一般的な単語は検出器の性能に寄与することは少なく、メモリや計算能力などのリソースを消費するだけだからだ。ベクトル化した特徴量を変数Xに、ラベルを変数yにそれぞれ代入する。

```python
from sklearn.feature_extraction.text import TfidfVectorizer
# TfidfVectorizerを初期化する。stop_wordsにenglishを指定し、一般的な単語を除外する
tfidf = TfidfVectorizer(stop_words="english")

X = tfidf.fit_transform(df['text'])
column_names = tfidf.get_feature_names()

# Xにベクトル化した値を整形して代入
X = pd.DataFrame(X.toarray())
X = X.astype('float')
# カラム名を設定
X.columns = column_names
y = df['label'].astype('float')
```

2.3.2.1　ハイパーパラメータのチューニング

今回は勾配ブースティング木のひとつである LightGBM を検出器に使ってみよう。勾配ブースティングとは、ブースティングアルゴリズムの一種である。ブースティン

---

†8　訳注：どんな文書にも高頻度で現れる（代表的なものとしては「the」や「a」といった）単語など、テキスト分類に寄与しない単語を集めたもの。

グとは、集団学習のフレームワークのひとつであり、複数の弱学習器[9]を総合して全体の学習器を構成する手法（アンサンブル学習）をとる。勾配ブースティング木では、この弱学習器に決定木を活用している。決定木を採用することによって、データの外れ値に強い、欠損値を扱えるといったメリットがもたらされる。LightGBM は 2016 年に Microsoft によって公開された勾配ブースティング木である。今回はこの LightGBM を検出器に使用する。

ハイパーパラメータを探索するために、optuna の `integration.lightgbm` を `olgb` としてインポートする。さらに、optuna の 1.5.0 から追加された、LightGBM を交差検証しながらハイパーパラメータ探索ができる `LightGBMTunerCV` を活用する。`LightGBMTunerCV` のパラメータの `objective` には、分類の目的が迷惑メールか否かの 2 値分類であるので `binary` を指定している。また、`num_boost_round` パラメータに 100 を指定し、訓練回数の上限を 100 回としている。

```python
from sklearn.model_selection import cross_validate
from sklearn.model_selection import train_test_split
import optuna.integration.lightgbm as olgb
import optuna

# データセットを訓練用とテスト用に分割
X_train, X_test, y_train, y_test = \
train_test_split(X, y, test_size=0.2, shuffle=True, random_state=101)

# LightGBM用のデータセットに変換
train = olgb.Dataset(X_train, y_train)

# パラメータの設定
params = {
    "objective": "binary",
    "verbosity": -1,
    "boosting_type": "gbdt",
}

# 交差検証を使用したハイパーパラメータの探索
tuner = olgb.LightGBMTunerCV(params, train, num_boost_round=100)

# ハイパーパラメータ探索の実行
tuner.run()
```

ハイパーパラメータチューニングが行われた結果を確認してみよう。Light

---

[9]　訳注：単独で使うには精度の低い学習器のこと。

`GBMTunerCV`の場合、明示的にパラメータ名を指定しなくても自動で設定可能なパラメータを探索してくれるので、その一覧を出力させる。

```
print("Best score:", 1 - tuner.best_score)
best_params = tuner.best_params

print("Best Params: ")
for key, value in best_params.items():
    print("    {}: {}".format(key, value))
```

ベストなハイパーパラメータを出力させることができた。次に、このハイパーパラメータを使用してLightGBMを訓練させてみよう。なお、LightGBMの予想結果は確率になっているので、四捨五入して1か0に丸めている点に注意が必要だ。

```
import lightgbm as lgb
from sklearn.model_selection import train_test_split
from sklearn.metrics import accuracy_score, confusion_matrix

# 訓練データとテストデータを設定
train_data = lgb.Dataset(X_train, label=y_train)
test_data = lgb.Dataset(X_test, label=y_test)

# ハイパーパラメータ探索で特定した値を設定
params = {
    'objective': 'binary',
    'verbosity': -1,
    'boosting_type': 'gbdt',
    'lambda_l1': best_params['lambda_l1'],
    'lambda_l2': best_params['lambda_l2'],
    'num_leaves': best_params['num_leaves'],
    'feature_fraction': best_params['feature_fraction'],
    'bagging_fraction': best_params['bagging_fraction'],
    'bagging_freq': best_params['bagging_freq'],
    'min_child_samples': best_params['min_child_samples']
}

# 訓練の実施
gbm = lgb.train(
    params,
    train_data,
    num_boost_round=100,
    verbose_eval=0,
)
```

```
# テスト用データを使って予測する
preds = gbm.predict(X_test)
# 戻り値は確率になっているので四捨五入する
pred_labels = np.rint(preds)
# 正解率と混同行列の出力
print("Accuracy: {:.5f} %".format(100 * accuracy_score(y_test, pred_labels)))
print(confusion_matrix(y_test, pred_labels))
```

この迷惑メール検出器の正解率と混同行列を見てみよう（**図**2-9）。

```
35 # 正解率と混同行列の出力
36 print("Accuracy: {:.5f} %".format(100 * accuracy_score(y_test, pred_labels)))
37 print(confusion_matrix(y_test, pred_labels))

Accuracy: 98.06763 %
[[726 13]
 [ 7 289]]
```

図2-9　LightGBM を使用したモデルの特徴量ごとの重要度

　98%程度の正解率があり、やや誤検知が見られるが、見逃しの少ない検出器が構築できた。どんな特徴量が寄与しているのか、その重要度も見てみよう。

```
import matplotlib.pyplot as plt
lgb.plot_importance(gbm, figsize=(12, 6), max_num_features=10)
plt.show()
```

　結果は**図**2-10のようになる。「subject」という単語の寄与度が極めて高いことがわかる。subjectは通常、メールの件名に使用される単語であるため、ほぼあらゆるメールに含まれる単語である。にもかかわらず、なぜこのような結果になるのか、少し調べてみよう。

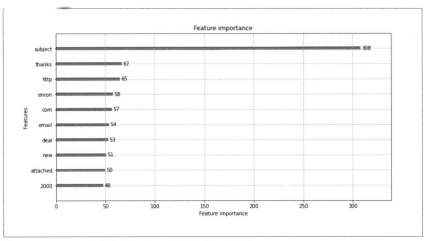

図2-10　LightGBMを使用したモデルの特徴量ごとの重要度

　次のコードを実行して、迷惑メールのデータセットに含まれるsubjectの出現頻度を見てみよう。

```
spam_rows = (df.label == '1')
spam_data = df[spam_rows]

count = 0
for i in spam_data['text']:
    count = count + i.count('subject')

print(count)
```

　迷惑メールのデータセットに含まれるsubjectの出現頻度は160であった。一方、非迷惑メールのデータセットに含まれるsubjectの出現頻度を同じように見てみよう。

```
legit_rows = (df.label == '0')
legit_data = df[legit_rows]

count = 0
for i in legit_data['text']:
    count = count + i.count('subject')

print(count)
```

　非迷惑メールのデータセットに含まれるsubjectの出現頻度は2733であった。したがって、ある特定の非迷惑メールにsubjectという単語が大量に含まれているため、このような単語の寄与度の傾向が出ている可能性が高い。このような場合、たとえばsubjectという単語をたくさん入力した迷惑メールを送りつけることができれば、この迷惑メール検出器を回避できる可能性もある。このように、ある機械学習ベースの検出器が使用しているアルゴリズムや特徴量、その重要度などを攻撃者が把握している場合、その検出器の判断を誤らせることができる可能性がある（ホワイトボックス攻撃）。こうした攻撃については、8章で詳述する。

```
1 spam_rows = (df.label == '1')
2 spam_data = df[spam_rows]
3
4 count = 0
5 for i in spam_data['text']:
6     count = count + i.count('subject')
7
8 print(count)

160

1 legit_rows = (df.label == '0')
2 legit_data = df[legit_rows]
3
4 count = 0
5 for i in legit_data['text']:
6     count = count + i.count('subject')
7
8 print(count)

2733
```

図2-11　迷惑メール・非迷惑メールのデータセットに含まれるsubjectの出現頻度

2.4　まとめ

　本章では、3つの検出器をゼロから開発し、フィッシングサイトや迷惑メールを検出する方法を学習することができた。まず、2つの異なる機械学習の手段を使用して、フィッシングサイトの検出器を開発する方法を学んだ。3番目の検出器として、tf-idfとLightGBMによる迷惑メールフィルターを開発した。次の章では、さらに別の手法とPythonの機械学習ライブラリを使用して、マルウェアを検出するためのさまざ

まな手段を学習する。

2.5 練習問題

　この章を読者が楽に進められることを願っている。さて、いつものように練習の時間だ。読者の仕事は、自身の迷惑メール検出システムを構築してみることだ。問題を通して、読者をそこへ案内しよう。

　本章の GitHub リポジトリには、Androutsopoulos らの研究[†10]によって収集されたデータセット（Ling-Spam データセット）がある。

　このデータセットを使用し、本章で学んだ迷惑メール検出器を開発しなさい。

2-1 データセットを http://www.aueb.gr/users/ion/data/lingspam_public.tar.gz からダウンロードして解凍しなさい。

2-2 解凍先のディレクトリ /lingspam_public/bare/ 配下には part? というサブディレクトリが 10 個存在している。このサブディレクトリ内に存在する、ファイル名が spmsga*.txt のファイルは迷惑メールである。その他のファイルはすべて正当なメールである。個々のファイルを読み込み、本文データをコピーしたリストと、迷惑メールか、そうでないかのラベルのリストを作成しなさい。

2-3 リストを pandas の行列にコピーし、メール本文の列名は「Text」に、ラベルの列名は「label」にしなさい。

2-4 TfidfVectorizer を使用してメール本文をベクトル化しなさい。

2-5 分類器に LightGBM を設定して optuna によるハイパーパラメータチューニングを行いなさい。

2-6 ハイパーパラメータチューニング結果を使用して分類モデルを訓練しなさい。

2-7 訓練したモデルを使用して、正解率と混同行列を出力しなさい。

---

†10　訳注：Androutsopoulos, Ion & Koutsias, John & Chandrinos, Konstantinos & Paliouras, Georgios & Spyropoulos, Constantine (2000). An Evaluation of Naive Bayesian Anti-Spam Filtering. CoRR. cs.CL/0006013. https://arxiv.org/abs/cs/0006013

3章
ファイルのメタデータを
特徴量にしたマルウェア検出

　情報セキュリティで最も厄介な脅威のひとつに、悪意あるプログラム（マルウェア）があげられる。マルウェアによる情報漏洩やサイバー攻撃に関するニュースを、毎日のように耳にしているだろう。攻撃者は開発スキルを強化しており、企業のセキュリティ対策手段やウイルス対策製品を迂回できる新しいマルウェアを作成しているのだ。この章では、最先端のデータサイエンス、Pythonライブラリ、機械学習アルゴリズムを駆使して、マルウェアを撃退するための新しい手法とソリューションを紹介していく。

　この章では次の内容を取り扱う。

- マルウェア解析の手法
- 実践的かつ現実的なPythonによる開発で、マルウェア解析の手法を手助けする機械学習技術

3.1　マルウェアの概要

　マルウェアとは、利用者の同意なしに情報システムに侵入し、被害を与えるように設計された悪意あるソフトウェアである。**マルウェア**という用語には、次のような多くのサブカテゴリが含まれる。

- 狭義のコンピュータウイルス
- ランサムウェア
- ワーム
- トロイの木馬

- バックドア
- スパイウェア
- キーロガー
- アドウェアやボット、ルートキット

3.1.1　マルウェア解析

マルウェア解析者の仕事は、システムに何が起こったのかを正確に確認し、悪意あるソフトウェアによって被害を受けたPCが組織のネットワークから隔離されるようにすることである。マルウェア解析には、表層解析、動的解析、メモリ解析[†1]の3つの手法がある。それらをひとつずつ説明する。

3.1.1.1　表層解析

マルウェア解析の最初のステップは、マルウェアに関するあらゆる情報を収集することだ。表層解析は、さまざまな手法とツールを使用して、悪意あるバイナリに関する、利用可能な情報を収集する技術である。この段階では、解析者はマルウェアを実際に実行することなく調査する。いくつかの一般的な表層解析方法は次のとおりだ。

オンラインのウイルス対策ソフトによるスキャン

オンラインスキャンツールを使用して被疑ファイルをスキャンすると、そのファイルに対して複数のウイルス対策ソフトを使用した結果を確認できる[†2]。最もよく知られているオンラインスキャンツールはVirusTotalである。ファイルをスキャンする場合は、https://www.virustotal.com/#/home/upload にアクセスしてファイルをアップロードする（**図3-1**）。

[†1]　訳注：さらにもうひとつ、アセンブリレベルでマルウェアの感染活動を確認していく静的解析がある。静的解析には、マルウェアの挙動に関する知識だけではなく、OSや低レイヤーに関する知識、プログラミング経験などの技術知識が必要になる。静的解析で使用するマルウェアのディスアセンブル結果は、機械学習においても、オペコードやオペランドのn-gramを特徴量にすることなどで、マルウェア検出に利用できる。

[†2]　訳注：VirusTotalには、VT Enterprise という商用のサービスが存在する。このサービスの利用者は、アップロードされたファイルの中身をダウンロードして入手できる。このため、機微な情報が含まれたファイルを誤ってアップロードすることは、その組織や個人の情報漏洩につながる可能性もあり、利用の際は注意が必要である。

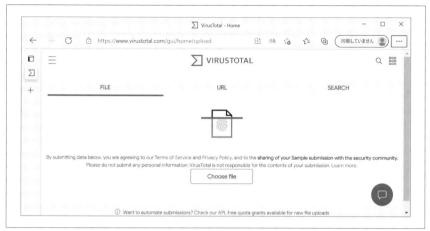

図3-1　オンラインスキャンツールのVirusTotal

ハッシュ値の取得

これは、ファイルを識別する手法のひとつだ。各ファイルには一意のハッシュ値がある。最も一般的に使用されるハッシュ関数はSHA1およびSHA256である。また、得られたハッシュ値を使って「ググる」ことで、ウイルス対策ソフト会社の解析結果やブログ、ツイートなどの関連情報が得られることもある。

文字列の抽出

これらも素晴らしい情報源のひとつである。悪意あるプログラムから文字列を抽出すると、非常に有用な情報が得られるのだ。こうした文字列の一部には、URI、URL、エラーメッセージ、コメントなどが含まれることがある。

PEヘッダ

PE（**Portable Executable**）形式のファイルには、表層解析で得られる有用な情報が含まれている。詳細については後述する。

3.1.1.2　動的解析

表層解析でマルウェアに関する情報を収集したら、次に、隔離された安全な環境でそのマルウェアを実行する。感染動作を記録させることで、当該のマルウェアの機能を明らかにする手法は動的解析と呼ばれる。一般的に、こうした環境は「マルウェア解析用サンドボックス」と呼ばれる。サンドボックスには、マルウェアの実行中に、

マルウェアの挙動に関する情報を自動的に収集するための分析および監視ツールが
ロードされる。マルウェア解析者は、動的解析を通じて次のような情報を収集できる
（より多くの情報を入手できることもある）。

- 生成する子プロセスの情報
- TCPの通信
- DNS名前解決の結果
- ファイルの作成や書き込み、読み取り、削除など
- レジストリの作成や書き込み、読み取り、削除など
- PowerShellなどのスクリプトの実行有無
- APIの呼び出し状況

3.1.1.3　メモリ解析

　一般的なマルウェア解析の手法は前記の2つであるが、攻撃者は検出を防ぐために、
新しく、より複雑な手法を使用している。たとえばファイルレスマルウェアという言
葉を聞いたことがあるだろう。そのようなマルウェアを検出するには、メモリ解析が
必要だ。メモリ解析とは、感染PCのメモリダンプを分析することである。メモリ解
析を実行するために、解析者は最初にメモリを抽出する（メモリダンプする）必要が
あり、その後、メモリダンプをさまざまなツールや手法を使って分析する。

　こうしたメモリのフォレンジックの目的によく使われているツールのひとつが
Volatility 3だ。**図3-2**は、Kali LinuxからVolatility 3をダウンロードして実行し、ヘ
ルプを表示した画面である。

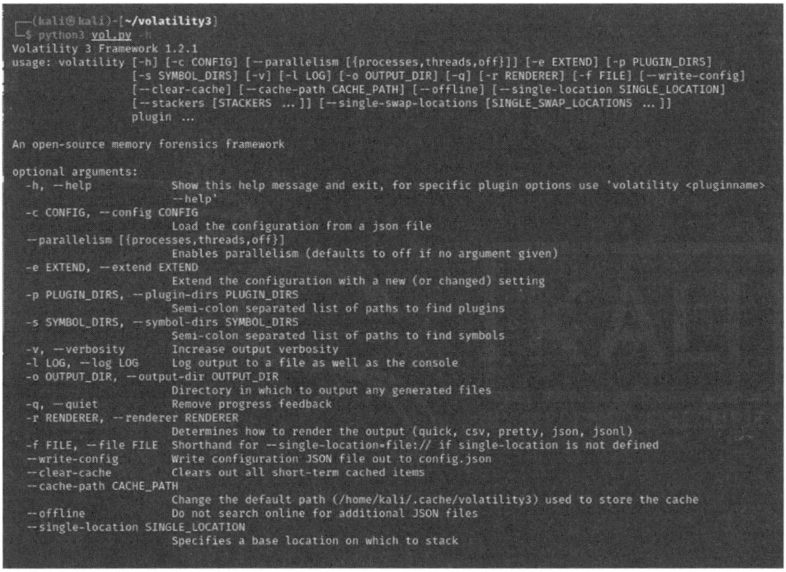

```
  ┌──(kali㊀kali)-[~/volatility3]
  └─$ python3 vol.py -h
Volatility 3 Framework 1.2.1
usage: volatility [-h] [-c CONFIG] [--parallelism [{processes,threads,off}]] [-e EXTEND] [-p PLUGIN_DIRS]
                  [-s SYMBOL_DIRS] [-v] [-l LOG] [-o OUTPUT_DIR] [-q] [-r RENDERER] [-f FILE] [--write-config]
                  [--clear-cache] [--cache-path CACHE_PATH] [--offline] [--single-location SINGLE_LOCATION]
                  [--stackers [STACKERS ... ]] [--single-swap-locations [SINGLE_SWAP_LOCATIONS ... ]]
                  plugin ...

An open-source memory forensics framework

optional arguments:
  -h, --help            Show this help message and exit, for specific plugin options use 'volatility <pluginname>
                        --help'
  -c CONFIG, --config CONFIG
                        Load the configuration from a json file
  --parallelism [{processes,threads,off}]
                        Enables parallelism (defaults to off if no argument given)
  -e EXTEND, --extend EXTEND
                        Extend the configuration with a new (or changed) setting
  -p PLUGIN_DIRS, --plugin-dirs PLUGIN_DIRS
                        Semi-colon separated list of paths to find plugins
  -s SYMBOL_DIRS, --symbol-dirs SYMBOL_DIRS
                        Semi-colon separated list of paths to find symbols
  -v, --verbosity       Increase output verbosity
  -l LOG, --log LOG     Log output to a file as well as the console
  -o OUTPUT_DIR, --output-dir OUTPUT_DIR
                        Directory in which to output any generated files
  -q, --quiet           Remove progress feedback
  -r RENDERER, --renderer RENDERER
                        Determines how to render the output (quick, csv, pretty, json, jsonl)
  -f FILE, --file FILE  Shorthand for --single-location=file:// if single-location is not defined
  --write-config        Write configuration JSON file out to config.json
  --clear-cache         Clears out all short-term cached items
  --cache-path CACHE_PATH
                        Change the default path (/home/kali/.cache/volatility3) used to store the cache
  --offline             Do not search online for additional JSON files
  --single-location SINGLE_LOCATION
                        Specifies a base location on which to stack
```

図3-2　Volatility 3 のヘルプ画面

　Volatility 3 は解析者がメモリダンプから次のような情報を収集する手助けをしてくれる。

- コマンドの履歴
- Rootkit によってフックされている API の有無
- 通信に関する情報
- プロセスの一覧の出力・プロセスのダンプ
- プロセス中にインジェクションされたマルウェアのダンプ
- カーネルにロードされているモジュール一覧

3.1.2　検出回避の手段

　攻撃者・マルウェア作成者は、検出を回避するための新しい手法と方法を絶えず考案している。最も一般的な手法は次のとおりだ。

難読化

これはマルウェアの検出・解析をより困難にする実践的な手法だ。デッドコードの挿入、レジスタの再アサイン、そして暗号化といったものがあげられる。

ファイル寄生

正規ファイルのインストーラーなどの単一の実行ファイルにマルウェアを寄生させることで検出を回避しようとする。

パッキング

パッカー、いわゆる**自己解凍形式**は、**パックされたファイル**が実行されたときにソフトウェアをメモリ上に展開（アンパック）する。ウイルス対策ソフトに実装されているシグネチャベースの検出方法に対し、圧縮されたコードによって検出の回避が期待できる。

3.2　PEヘッダを使った機械学習によるマルウェア検出

PE（Portable Executable）は、32ビットおよび64ビットのWindowsで使用される実行可能ファイル、DLL、およびオブジェクトコードで採用されているファイル形式である。これらには、インポート、エクスポート、タイムスタンプ、サブシステム、セクション、リソースなど、マルウェア解析者に役立つ多くの情報が含まれている。本項では、これらを特徴量としたマルウェア検出器を開発する。ここでは、次の3種類の機械学習アルゴリズムを使うことにする。

- ランダムフォレスト
- 勾配ブースティング
- AdaBoost

3.2.1　PEファイルの構造

PEファイルの基本構造を**図3-3**に示す。

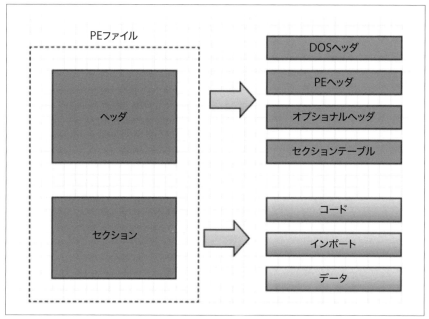

図3-3 PEファイルの構造

PEファイルの主たるコンポーネントは次のとおりである。

DOSヘッダ

すべてのPEファイルの先頭64バイトはこのヘッダで開始される。（古いOS
である）MS-DOSは実行可能ファイルを検証し、DOSスタブモードで実行で
きる。

PEヘッダ

コードのサイズなどの情報を含む領域である。

PEセクション

ファイルの主たるコンテンツを含む領域である。

PEファイルのヘッダ情報の確認には、PEviewやPeStudioといったWindows用

ツールが使用できる[†3]。

　また、Pythonにはpefileという素晴らしいパッケージがある。pefileを使用すると、パッカー検出やPEiDというツール用のシグネチャ生成などの機能に加えて、ヘッダの確認、セクションの分析、その他のデータの取得が可能である。詳しくはhttps://github.com/erocarrera/pefileで確認できる。

　これは他の機械学習ライブラリ同様、pipを使ってインストールできる。

```
!pip install pefile
```

これでpefileのインストールが完了だ。

3.2.2　マルウェアのデータセット

　機械学習による検出器を訓練するためのマルウェアのデータセットとして、データサイエンティストやマルウェア解析者向けに公開されている検体のセットがある。たとえば、次のWebサイトでは、セキュリティ研究者やデータサイエンティストが、さまざまなマルウェアの検体をダウンロードできる[†4]。

- Malware-Traffic-Analysis
  https://www.malware-traffic-analysis.net/
- Kaggle Malware Families
  https://www.kaggle.com/c/malware-classification
- Malware Archive
  https://github.com/jstrosch/malware-samples
- VirusTotal
  https://www.virustotal.com
- VirusShare
  https://virusshare.com

[†3]　訳注：PEview（http://wjradburn.com/software/）
　　　　PeStudio（https://www.winitor.com/）
[†4]　訳注：このほかにも「ANY.RUN」（https://any.run/）、「the Zoo」（https://www.github.com/ytisf/theZoo）、「MalwareBazaar」（https://bazaar.abuse.ch/）などがある。検体のダウンロード先のまとめは「Free Malware Sample Sources for Researchers」（https://zeltser.com/malware-sample-sources/）が秀逸である。

　この章では、セキュリティブロガーである Prateek Lalwani によって配布されているマルウェアのデータセットをダウンロードする。このデータセットは、次の特徴量を含んでいる。

- 41,323ファイルの正規の Windows バイナリ（.exe および.dll）から得られた特徴量
- VirusShare からダウンロードできた96,724検体のマルウェアから得られた特徴量

　まず、このデータセットの特徴を確認する準備として、**探索的データ解析**（Exploratory Data Analysis：EDA）を行う。探索的データ解析とは、データの集計、要約、可視化といった処理により、データの異常や特徴を把握することである。この解析を手がかりに、全体のアプローチ方法を決めたり、機械学習を行うための出発点を見つけよう。ただし、この集計や要約、可視化を行うには、当然コードを書く必要性に迫られる。そのために、Matplotlib などの可視化ライブラリの使い方を調べながらコーディングするのは骨が折れる。そこで有効なのが、わずか数行のコードで探索的データ解析を素早く行うことができる **Pandas Profiling** というパッケージである。Pandas Profiling はオープンソースの Python パッケージであり、Google Colaboratory には pandas_profiling の1.4.1（2021年9月時点）がデフォルトでインストール済みである。まず、これを最新版に更新する。

```
!pip install -U pandas-profiling
```

　更新し終えたら、そのままでは pandas_profiling の最新版は使用できないため、メニューから［ランタイム］→［ランタイムを再起動］を選択し、Google Colaboratory のランタイムを再起動しよう（**図3-4**）。

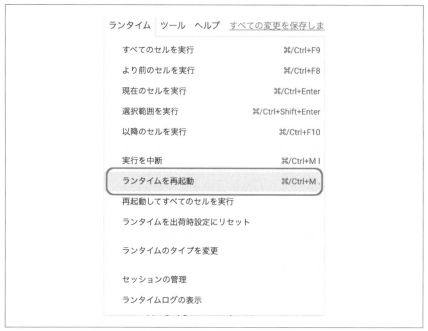

図3-4　Google Colaboratory ランタイムの再起動

　再起動を終え、準備が整ったら、マルウェアのデータセットをダウンロードする。
データセットはgzipで圧縮されているので展開する。

```
!wget https://github.com/oreilly-japan/ml-security-jp/raw/master/ch03/MalwareData.csv.gz
!gzip -d MalwareData.csv.gz
```

　Pythonのpandasライブラリを使って、ダウンロードしたデータセットをロード
しよう。

```
import pandas as pd
MalwareDataset = pd.read_csv('MalwareData.csv', sep='|')
```

　次に更新したpandas_profilingを使用して、このデータセットの概要を見てみ
よう。

```
import pandas_profiling

pandas_profiling.ProfileReport(MalwareDataset, minimal=True)
```

うまくいけば**図3-5**のような出力が得られる。

図3-5　Pandas Profiling の出力結果

 Pandas Profilingはデータセットの特徴を把握し、特徴量エンジニアリング
などを行う準備のためには非常に有用である。一方で、データセットの大き
さによってはこのパッケージの実行には非常に長い時間がかかり大量のメモ
リが消費される。その結果、Google Colaboratory のランタイムがクラッ
シュするなどの問題が発生する可能性もある。このため今回はパラメータの
`minimal=True` を設定し、最小限の情報のみを出力させている。そのような
特性の存在を理解してこのパッケージを使用することが望ましい。

Dataset statistics欄のNumber of variablesには列の数が、Number of observations
には行の数が示される。したがってこのデータセットは138047行57列からなるデー
タであることがわかる。Missing cells は欠損値の有無で、今回はなしだ。Variable
types欄には各列のデータ型が示されており、Numericから今回は55列が数値型であ
ることが確認できる。Categoricalは数値ではない、カテゴリ変数を示している。

Variables欄に移ってみよう。ここには各特徴量の概要が示されている。たとえば
`legitimate`を見てみよう。これはラベルを示す列だ（**図3-6**）。先に述べたとおり、

96724件がマルウェアのデータ（0）であり、41323件が正規ファイル（1）であることが確認できるだろう。

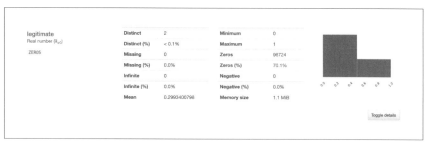

図3-6　ラベルを示すlegitimateの概要

ほかの特徴量も見てみよう。たとえばVersionInformationSizeに着目してみる。この特徴量は、20種の値（Distinct count）をとっており、それらの値のうち21.6%がゼロ——Zeros（%）——である。最小値はゼロ（Minimum）、最大値（Minimum）は26、平均値（Mean）は12.363115460676436であった。また、その分布はグラフで確認できる（**図3-7**）。

図3-7　VersionInformationSizeの概要

　次に、データ探索の方法について確認していこう。具体的には、各特徴量と、目的変数、すなわち今確認したlegitimate列との関係性があるかどうかを、可視化して把握してみよう。たとえば、特徴量のVersionInformationSizeと目的変数（legitimate）には何らかの関係性があるのではないか、という仮説を立てたとする。こうした仮説は、マルウェア解析の専門知識（ドメイン知識）に基づいたものであればなおよいし、そうでなくてもよい。何らかの仮説を立てて、それを検証してい

くことによって、よりよい特徴量を選択し、検出器の性能向上に寄与させることができるのだ。

　さて、では VersionInformationSize と legitimate には何らかの関係性がないか、可視化して見てみよう。積み上げグラフ（ヒストグラム）を使って、legitimate が 0 の VersionInformationSize と、legitimate が 1 の VersionInformationSize を可視化してみよう。

```
import matplotlib.pyplot as plt

plt.hist(
    MalwareDataset.loc[MalwareDataset['legitimate'] == 1,\
                      'VersionInformationSize'],
    range=(0,26), alpha=0.5, label='1'
    )
plt.hist(
    MalwareDataset.loc[MalwareDataset['legitimate'] == 0,\
                      'VersionInformationSize'],
    range=(0,26), alpha=0.5, label='0'
    )
plt.legend(title='legitimate')
plt.xlim(0,26)
```

　結果は**図3-8**のようなグラフになる。VersionInformationSize が 15 以下のものに正規ファイルはほとんど存在しないが、マルウェアは存在している。このような偏りを持ったデータは、機械学習アルゴリズムが正しい予測をするための判断材料として重要かもしれない。

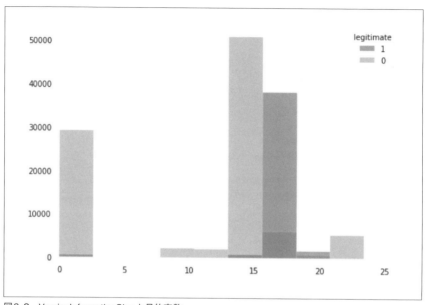

図3-8　VersionInformationSize と目的変数

ほかにも、同じ手法を使ってMajorSubsystemVersionと目的変数の関連性を見てみよう。

```
import matplotlib.pyplot as plt

plt.hist(
    MalwareDataset.loc[MalwareDataset['legitimate'] == 1,\
                        'MajorSubsystemVersion'],
        range=(0,10), alpha=0.5, label='1'
        )
plt.hist(
    MalwareDataset.loc[MalwareDataset['legitimate'] == 0,\
                        'MajorSubsystemVersion'],
        range=(0,10), alpha=0.5, label='0'
        )

plt.legend(title='legitimate')
plt.xlim(2,11)
```

結果として**図3-9**のようなグラフが表示される。MajorSubsystemVersionが6以

下のマルウェアしか存在しないことがわかる。

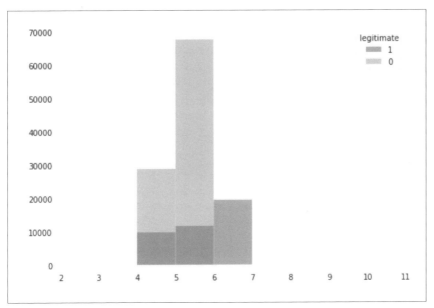

図3-9　MajorSubsystemVersion と目的変数

　このように、各特徴量と目的変数との相関をグラフ化して可視化し、確認すること
によって、重要度の高い、すなわちマルウェアかどうかの判定に大きく寄与する特
徴量をピックアップすることができる。また、特徴量同士の相関を見て、たとえば
`VersionInformationSize`が15以下かつ`MajorSubsystemVersion`が6以下の場
合は真、それ以外は偽、といった新しい特徴量を作り出すことも可能になるだろう。
　次に、人の直感や可視化ではなく、機械学習アルゴリズムを使って結果を確認し、
重要度の高い特徴量のみを選択するという、半自動的な手法を見てみよう。モデルの
汎化性能への寄与が低い特徴量があると、性能の低下、メモリや計算リソースの消費
といった事態を招いてしまう可能性がある。特徴選択を行うと、有効な特徴量を残し
たまま全体の特徴量の数を減らすことができ、こうした事態を防止できる。
　では今回のデータセットにおける、各特徴量の重要度を算出するために、木構造の
特徴選択を使ってみることにする。必要なパッケージをロードして、変数Xに数値型
の特徴量を代入し、変数yにラベルを代入したあと、`ExtraTreesClassifier`使用
して特徴量選択を行う。

```python
import pandas as pd
import numpy as np
import sklearn
from sklearn.feature_selection import SelectFromModel
from sklearn.ensemble import ExtraTreesClassifier
from sklearn.model_selection import train_test_split
from sklearn import model_selection

# データセットから名前、md5ハッシュ値、ラベルといった列を除外してXに代入
X = MalwareDataset.drop(['Name', 'md5', 'legitimate'],axis='columns')
# データセットのラベル列のみを抽出してyに代入
y = MalwareDataset['legitimate']
# ExtraTreesClassifierを使用
FeatSelect=ExtraTreesClassifier().fit(X, y)
# SelectFromModelを使用して、
# ExtraTreesClassifierによる分類結果に寄与した重要度の大きい特徴量のみを抽出
Model = SelectFromModel(FeatSelect, prefit=True)
# 重要度の大きい特徴量のカラム名を取得
feature_idx = Model.get_support()
feature_name = X.columns[feature_idx]
# Xに選択した特徴量のみを代入し直す
X = Model.transform(X)
# 重要度の大きい特徴量のカラム名を設定
X = pd.DataFrame(X)
X.columns = feature_name
```

ExtraTreesClassifierによって重要度の高い特徴量のみが選択された。それら
を出力してみよう。

```python
Features = X.shape[1]
# 重要度をリストで抽出
FI = ExtraTreesClassifier().fit(X,y).feature_importances_
# 重要度を高い順にソート
Index = np.argsort(FI)[::-1][:Features]
# 重要度の高い順に、特徴量の名前と重要度を出力
for feat in range(Features):
    print(
        "Feature: {}Importance: {:.5f}"\
        .format(MalwareDataset.columns[2+Index[feat]].ljust(30),
                FI[Index[feat]])
        )
```

　重要な特徴量は**図**3-10のとおりである。ジニ係数[5]をもとにした重要度も一緒に出力している。ExtraTreesClassifierは毎回ランダムな木構造をとるため、特徴量ごとの重要度の出力は変化する、すなわち読者の実行結果と本書の実行結果が異なることがあることには注意していただきたい。

```
 1 Features = X.shape[1]
 2 # 重要度をリストで抽出
 3 FI = ExtraTreesClassifier().fit(X,y).feature_importances_
 4 # 重要度を高い順にソート
 5 Index = np.argsort(FI)[::-1][:Features]
 6 # 重要度の高い順に、特徴量の名前と重要度を出力
 7 for feat  in range(Features):
 8     print(
 9         "Feature: {}Importance: {:.5f}"\
10         .format(MalwareDataset.columns[2+Index[feat]].ljust(30),
11             FI[Index[feat]])
12         )
```

```
Feature: SizeOfUninitializedData    Importance: 0.14037
Feature: Characteristics            Importance: 0.13233
Feature: Machine                    Importance: 0.12575
Feature: MajorLinkerVersion         Importance: 0.08689
Feature: SizeOfInitializedData      Importance: 0.07841
Feature: SizeOfCode                 Importance: 0.07557
Feature: ImageBase                  Importance: 0.07183
Feature: BaseOfCode                 Importance: 0.07106
Feature: SectionAlignment           Importance: 0.07038
Feature: BaseOfData                 Importance: 0.05329
Feature: SizeOfOptionalHeader       Importance: 0.03391
Feature: MinorLinkerVersion         Importance: 0.03293
Feature: AddressOfEntryPoint        Importance: 0.02727
```

図3-10　ExtraTreesClassifierによって選択された特徴量

3.2.3　ランダムフォレストのハイパーパラメータチューニング

　それでは今回はランダムフォレスト分類器を使い、いつものようにoptunaを使ってハイパーパラメータをチューニングしよう。探索対象のパラメータには、前章の

---

[5]　訳注：分布の均等の度合いを数値で表したもの。

決定木を使用したモデルと同じように、値がカテゴリをとるものと、初期値が1ない
し2で整数値をとるものを指定して、探索範囲を少なめにしている。時間や計算資源
に余裕があれば、ほかのパラメータをチューニング対象に入れることで、さらなる
性能向上を目指すのもよいだろう。ほかにどんなパラメータがあるのかについては、
scikit-learn の RandomForestClassifier のマニュアルを調べるとよい。

```python
from sklearn.ensemble import RandomForestClassifier
from sklearn.metrics import accuracy_score
from sklearn.model_selection import train_test_split
import numpy as np
import optuna
from sklearn.model_selection import cross_validate

# データセットを訓練用とテスト用に分割
X_train, X_test, y_train, y_test = train_test_split(
    X, y, test_size=0.2, shuffle=True, random_state=101
    )

# RandomForestClassifierのハイパーパラメータ探索用のクラスを設定
class Objective_RF:
    def __init__(self, X, y):
        self.X = X
        self.y = y

    def __call__(self, trial):
        # 探索対象のパラメータの設定
        criterion = trial.suggest_categorical("criterion",
                                              ["gini", "entropy"])
        bootstrap = trial.suggest_categorical('bootstrap',
                                              ['True','False'])
        max_features = trial.suggest_categorical('max_features',
                                              ['auto', 'sqrt','log2'])
        min_samples_split = trial.suggest_int('min_samples_split',
                                              2, 5)
        min_samples_leaf = trial.suggest_int('min_samples_leaf',
                                              1,10)

        model = RandomForestClassifier(
            criterion = criterion,
            bootstrap = bootstrap,
            max_features = max_features,
            min_samples_split = min_samples_split,
            min_samples_leaf = min_samples_leaf
        )
```

```python
    # 交差検証しながらベストのパラメータ探索を行う
    scores = cross_validate(model,
                            X=self.X,
                            y=self.y,
                            cv=5,
                            n_jobs=-1)

    # 5分割で交差検証した正解率の平均値を返す
    return scores['test_score'].mean()

# 探索の対象クラスを設定
objective = Objective_RF(X_train, y_train)
study = optuna.create_study()
# 最大で3分間探索を実行
study.optimize(objective, timeout=180)
# ベストのパラメータの出力
print('params:', study.best_params)
```

ハイパーパラメータ探索と訓練の結果、正解率の優秀なモデルが得られたことが確認できるだろう（**図**3-11）。

```python
from sklearn.metrics import confusion_matrix
from sklearn.metrics import accuracy_score

# optunaの探索結果として得られたベストのパラメータを設定
model = RandomForestClassifier(
    criterion = study.best_params['criterion'],
    bootstrap = study.best_params['bootstrap'],
    max_features = study.best_params['max_features'],
    min_samples_split = study.best_params['min_samples_split'],
    min_samples_leaf = study.best_params['min_samples_leaf']
)

# モデルの訓練
model.fit(X_train, y_train)

# テスト用のデータを使用して予測
pred = model.predict(X_test)

# 予測結果とテスト用のデータを使って正解率と、混同行列を出力
print("Accuracy: {:.5f} %".format(100 * accuracy_score(y_test, pred)))
print(confusion_matrix(y_test, pred))
```

```
19 # 予測結果とテスト用のデータを使って正解率と、混同行列を出力
20 print("Accuracy: {:.5f} %".format(100 * accuracy_score(y_test, pred)))
21 print(confusion_matrix(y_test, pred))

Accuracy: 99.04382 %
[[19336  130]
 [  134 8010]]
```

図3-11　ランダムフォレストによる検出器の訓練結果

　このランダムフォレストによる検出器で使用される特徴量の重要度を確認してみよう。RandomForestClassifier の場合、訓練したモデルの feature_importances_ 属性を取り出せばよい。これをグラフで可視化してみよう。

```
%matplotlib inline

feat_importances = pd.Series(
    model.feature_importances_,
    index=X.columns).sort_values(ascending=True)

feat_importances.plot(kind='barh')
```

　このように特徴量の重要度を可視化して確認できる（**図3-12**）。ImageBaseの重要度が高くなっているが、これはマルウェア解析の専門知識を持つ専門家からすると妥当ともいえる。なぜならば、マルウェアはよくパッカーと呼ばれる圧縮プログラムによって圧縮されており、その場合、ImageBaseの値にランダムな変更が加わることがあるのだ。逆に、正規ファイルであればコンパイラにも依存するが、およそ固定値をとる。この重要度の傾向は、そのような背景を汲み取っている結果であると十分考えられる。パッカーに関する詳しい情報は『アナライジング・マルウェア』（オライリー・ジャパン刊）などを参考にしてほしい。

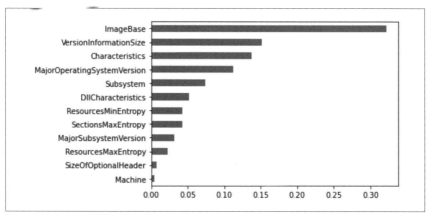

図3-12　特徴量の重要度の可視化結果

3.2.4　勾配ブースティングのハイパーパラメータチューニング

今度は、勾配ブースティングを機械学習アルゴリズムとして使ってみよう。まずは
ハイパーパラメータをチューニングする。チューニング対象のパラメータは例のごと
く探索幅を少なくするようカテゴリを持つものを中心に選択している。また、ここで
は探索に非常に時間がかかることが予想されるので、study.optimizeのパラメー
タにn_trials=1（1回のみ探索）を設定している。時間やリソースにゆとりがある
ならば、n_trialsにより多い回数を設定し、よりよいハイパーパラメータのチュー
ニングを目論むこともできる。

```python
from sklearn.ensemble import GradientBoostingClassifier

class Objective_GBC:
    def __init__(self, X, y):
        self.X = X
        self.y = y

    def __call__(self, trial):
        # 探索対象のパラメータの指定
        max_depth=int(
            trial.suggest_loguniform("max_depth", 3, 10))
        max_features = trial.suggest_categorical(
            "max_features", ["log2", "sqrt"])
        learning_rate = float(trial.suggest_loguniform(
            "learning_rate", 1e-2, 1e-0))
```

```
        criterion = trial.suggest_categorical(
            "criterion", ["friedman_mse", "mse", "mae"])

        # モデルの初期化
        model = GradientBoostingClassifier(
            max_depth = max_depth,
            max_features = max_features,
            learning_rate = learning_rate,
            criterion=criterion
            )

        scores = cross_validate(model,
                                X=self.X, y=self.y,
                                cv=5,
                                n_jobs=-1)

        return scores['test_score'].mean()

# 探索の対象クラスを設定
objective = Objective_GBC(X_test, y_test)
study = optuna.create_study()

# 1回のみ探索
study.optimize(objective, n_trials=1)

# ベストのパラメータの出力
print('params:', study.best_params)
```

　探索によって得られたハイパーパラメータを使った、勾配ブースティング検出器の
結果を見てみよう。

```
from sklearn.metrics import confusion_matrix
from sklearn.metrics import accuracy_score

# 探索結果として得られたベストのパラメータを設定
model = GradientBoostingClassifier(
    criterion = study.best_params['criterion'],
    learning_rate = study.best_params['learning_rate'],
    max_depth = study.best_params['max_depth'],
    max_features = study.best_params['max_features']
)

# モデルの訓練
model.fit(X_train, y_train)
```

```
# テスト用のデータを使用して予測
pred = model.predict(X_test)

# 予測結果とテスト用のデータを使って正解率と、混同行列を出力
print("Accuracy: {:.5f} %".format(100 * accuracy_score(y_test, pred)))
print(confusion_matrix(y_test, pred))
```

勾配ブースティング検出器の訓練結果を**図3-13**に示す。

```
18 # 予測結果とテスト用のデータを使って正解率と、混同行列を出力
19 print("Accuracy: {:.5f} %".format(100 * accuracy_score(y_test, pred)))
20 print(confusion_matrix(y_test, pred))

Accuracy: 98.47157 %
[[19313  153]
 [  269 7875]]
```

図3-13　勾配ブースティング検出器の訓練結果

　さらに各特徴量の重要度も見てみよう（**図3-14**）。やはりここでも ImageBase の重要度が高いようだ。

```
feat_importances = pd.Series(
    model.feature_importances_,
    index=X.columns).sort_values(ascending=True)
feat_importances.plot(kind='barh')
```

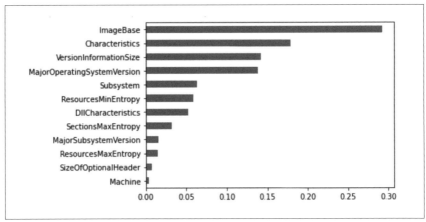

図3-14　勾配ブースティング検出器の重要度

3.2.5　AdaBoostのハイパーパラメータチューニング

　次に AdaBoost による3つ目の検出器の結果を作ってみよう。まずやることは、もうおわかりのとおり。ハイパーパラメータのチューニングだ。今回は study.optimize のパラメータに timeout=60（最大で60秒間探索）を設定している。時間やリソースにゆとりがあるならば、timeout により長い時間を設定し、よりよいハイパーパラメータのチューニングを目論むこともできる。

```python
from sklearn.ensemble import AdaBoostClassifier

class Objective_ABC:
    def __init__(self, X, y):
        self.X = X
        self.y = y

    def __call__(self, trial):
        # 探索対象のパラメータの指定
        algorithm = trial.suggest_categorical("algorithm", ["SAMME", "SAMME.R"])
        learning_rate = float(trial.suggest_loguniform("learning_rate", 1e-2, 1e-0))

        # モデルの初期化
        model = AdaBoostClassifier(
            algorithm = algorithm,
            learning_rate = learning_rate
            )
```

```
        scores = cross_validate(model,
                                X=self.X, y=self.y,
                                cv=5,
                                n_jobs=-1)
        return scores['test_score'].mean()

# 探索の対象クラスを設定
objective = Objective_ABC(X_train, y_train)
study = optuna.create_study()

# 最大で1分間探索を実行
study.optimize(objective, timeout=60)

# ベストのパラメータの出力
print('params:', study.best_params)
```

ハイパーパラメータを見つけることができたので、これを使って確認しよう。

```
from sklearn.metrics import confusion_matrix
from sklearn.metrics import accuracy_score

# 探索結果として得られたベストのパラメータを設定
model = AdaBoostClassifier(
    algorithm = study.best_params['algorithm'],
    learning_rate = study.best_params['learning_rate']
)
# モデルの訓練
model.fit(X_train, y_train)

# テスト用のデータを使用して予測
pred = model.predict(X_test)

# 予測結果とテスト用のデータを使って正解率と、混同行列を出力
print("Accuracy: {:.5f} %".format(100 * accuracy_score(y_test, pred)))
print(confusion_matrix(y_test, pred))
```

AdaBoost検出器の訓練結果を**図3-15**に示す。

```
15 # 予測結果とテスト用のデータを使って正解率と、混同行列を出力
16 print("Accuracy: {:.5f} %".format(100 * accuracy_score(y_test, pred)))
17 print(confusion_matrix(y_test, pred))

Accuracy: 96.77291 %
[[19321  145]
 [ 746 7398]]
```

図3-15　AdaBoost検出器の訓練結果

さらに各特徴量の重要度も見てみよう（**図3-16**）。

```
feat_importances = pd.Series(
    model.feature_importances_,
    index=X.columns).sort_values(ascending=True)

feat_importances.plot(kind='barh')
```

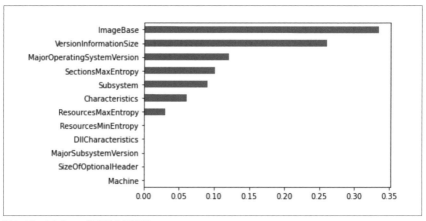

図3-16　AdaBoost検出器の重要度

　機械学習アルゴリズムごとに特徴量の重要度はそれぞれ異なっているが、どれも
ImageBaseの特徴量としての役割は大きいことが確認できる。先に述べたが、専門
知識としてのマルウェア解析技能を持った有識者からすれば、この重要度の傾向はご
くごく当たり前のように受け入れられることだろう。言い換えるならば「マルウェア
らしさ」を示す特質や傾向を示すものがあれば、分類器に使用するアルゴリズムが異

なったとしても、それは特徴量として大いに役立つということは明らかだ。今回はマルウェアかどうかを判定する分類器であるが、こうした専門知識に基づいた特徴量を抽出するということは、他の課題解決に機械学習を使ううえでも重要な点となる。

3.3 Androidマルウェアのデータセットを使った検出器の開発

Windowsに感染するマルウェアであれば、PEヘッダからメタデータを抽出し、それを特徴量とすることで機械学習アルゴリズムを訓練させ、検出に役立たせることを解説した。一方で、他のプラットフォームにおいても、同様のことが可能なのだろうか？ 他の事例として、今回はAndroidにおけるマルウェア検出の方法について紹介したい。

ここでは、パーミッションを特徴量とする。「パーミッション」とはAndroidプラットフォーム特有のセキュリティ機構であり、アプリが必要とする権限を開発者があらかじめ明示しておくと同時に、当該アプリの利用中、その権限が必要な機能の利用時に、利用者からその許可を得る仕組みである。

表3-1に、Androidアプリのパーミッションのうち、代表的なものをまとめた[6]。

表3-1 Androidアプリの代表的なパーミッション一覧

ラベル名	パーミッション名
完全なインターネットアクセス	android.permission.INTERNET
SMSメッセージの送信	android.permission.SEND_SMS
SMSの受信	android.permission.RECEIVE_SMS
SMSの読み取り	android.permission.READ_SMS
SMSの編集	android.permission.WRITE_SMS
ネットワーク状態の表示	android.permission.ACCESS_NETWORK_STATE
おおよその位置情報（ネットワーク基地局）	android.permission.ACCESS_COARSE_LOCATION
起動時に自動的に開始	android.permission.RECEIVE_BOOT_COMPLETED
SDカードのコンテンツを修正/削除する	android.permission.WRITE_EXTERNAL_STORAGE
精細な位置情報（GPS）	android.permission.ACCESS_FINE_LOCATION
連絡先データの読み取り	android.permission.READ_CONTACTS
電話番号発信	android.permission.CALL_PHONE
Wi-Fi状態の表示	android.permission.ACCESS_WIFI_STATE
Wi-Fi状態の変更	android.permission.CHANGE_WIFI_STATE

[6] 訳注：「Androidを取り巻く脅威——ユーザーにできることは？」（https://www.atmarkit.co.jp/ait/articles/1108/09/news108_3.html）をもとに作成。

こうしたパーミッションは、Androidアプリのパッケージ（apk）ファイル中に
AndroidManifest.xmlファイルとして含まれている（**図3-17**）。

```
/content# java -jar AXMLPrinter2.jar AndroidManifest.xml
<?xml version="1.0" encoding="utf-8"?>
<manifest
        xmlns:android="http://schemas.android.com/apk/res/android"
        android:versionCode="2"
        ="2.0"
        package="com.parental.control.v4"
        >
    <uses-sdk
            ="8"
            ="14"
            >
    </uses-sdk>
    <supports-screens
            ="true"
            ="true"
            ="true"
            >
    </supports-screens>
    <application
            ="@7F050001"
            ="@7F040000"
            ="@7F020000"
            >
        <activity
                ="com.connect.Dendroid"
                ="true"
                >
            <intent-filter
                    >
                <action
                        android:name="android.intent.action.MAIN"
                        >
                </action>
                <category
                        android:name="android.intent.category.LAUNCHER"
                        >
                </category>
            </intent-filter>
        </activity>
        <activity
```

図3-17　Androidアプリのパッケージ（apk）ファイル中に含まれるAndroidManifest.xmlファイル

こうしたパーミッションは100以上存在することから、Androidアプリから抽出し
て特徴量として使用し、機械学習アルゴリズムを訓練させることでマルウェアを自
動検出するという研究がいくつも存在している。Urcuquiらによる研究「Machine
learning classifiers for android malware analysis」は[7]その一例であり、この研究
で使用したデータセットをダウンロードして使用してみることもできる。今回はこの
データセットを使ってみよう。

まずはデータセットをダウンロードして解凍しよう。

```
!wget https://github.com/oreilly-japan/ml-security-jp/raw/master/ch03/archive.zip
!unzip -q archive.zip
```

次にpandasを使ってデータセットをロードしよう。

```
import pandas as pd

# データセットのロード
AndroidDataset = pd.read_csv('train.csv', sep=';')
```

「type」という名前の列がラベルである。マルウェアとそうでないアプリがどれくらいあるか確認してみよう。

```
AndroidDataset.type.value_counts()
```

```
    1 AndroidDataset.type.value_counts()

1   199
0   199
Name: type, dtype: int64
```

図3-18 Androidマルウェアデータセットのマルウェアとそうでないアプリの総数の確認

　総数は398件あり、マルウェアとそうでないアプリはそれぞれ半々ずつ含まれているようだ。次に、データセットの列名にパーミッション名が設定されているので、確認しよう。

```
print(AndroidDataset.columns)
```

```
 1 print(AndroidDataset.columns)

Index(['android', 'android.app.cts.permission.TEST_GRANTED',
       'android.intent.category.MASTER_CLEAR.permission.C2D_MESSAGE',
       'android.os.cts.permission.TEST_GRANTED',
       'android.permission.ACCESS_ALL_DOWNLOADS',
       'android.permission.ACCESS_ALL_EXTERNAL_STORAGE',
       'android.permission.ACCESS_BLUETOOTH_SHARE',
       'android.permission.ACCESS_CACHE_FILESYSTEM',
       'android.permission.ACCESS_CHECKIN_PROPERTIES',
       'android.permission.ACCESS_COARSE_LOCATION',
       ...
       'com.android.voicemail.permission.WRITE_VOICEMAIL',
       'com.foo.mypermission', 'com.foo.mypermission2',
       'org.chromium.chrome.shell.permission.C2D_MESSAGE',
       'org.chromium.chrome.shell.permission.DEBUG',
       'org.chromium.chrome.shell.permission.SANDBOX',
       'org.chromium.chromecast.shell.permission.SANDBOX',
       'org.chromium.content_shell.permission.SANDBOX', 'test_permission',
       'type'],
      dtype='object', length=331)
```

図3-19　Androidマルウェアデータセットの列に設定されたパーミッション名の確認

　図3-19のように、間違いなくデータセットの列名にパーミッション名が設定され
ていることがわかる。それではここで、マルウェアと、そうでないアプリに含まれる
パーミッションには違いがあると仮定する。そのうえで、マルウェアで使用されてい
るパーミッションの上位10件を抽出してみよう。

```
pd.Series.sort_values(
    AndroidDataset[AndroidDataset.type==1].sum(axis=0),
    ascending=False
    )[1:11]
```

```
1 pd.Series.sort_values(AndroidDataset[AndroidDataset.type==1].sum(axis=0), ascending=False)[1:11]

android.permission.INTERNET            195
android.permission.READ_PHONE_STATE       190
android.permission.ACCESS_NETWORK_STATE    167
android.permission.WRITE_EXTERNAL_STORAGE   136
android.permission.ACCESS_WIFI_STATE      135
android.permission.READ_SMS            124
android.permission.WRITE_SMS           104
android.permission.RECEIVE_BOOT_COMPLETED   102
android.permission.ACCESS_COARSE_LOCATION   80
android.permission.CHANGE_WIFI_STATE      75
dtype: int64
```

図3-20　マルウェアで使用されているパーミッションの上位10件

　図3-20のように、インターネットへのアクセスや、電話の状態の確認、SDカード
へのアクセスといったパーミッションをマルウェアの多くが要求していることがわか
る。では、マルウェアではない正規のアプリでも同じようなパーミッションが要求さ
れているかどうか、確認してみよう。

```
top10 = ['android.permission.INTERNET',
         'android.permission.READ_PHONE_STATE',
         'android.permission.ACCESS_NETWORK_STATE',
         'android.permission.WRITE_EXTERNAL_STORAGE',
         'android.permission.ACCESS_WIFI_STATE',
         'android.permission.READ_SMS',
         'android.permission.WRITE_SMS',
         'android.permission.RECEIVE_BOOT_COMPLETED',
         'android.permission.ACCESS_COARSE_LOCATION',
         'android.permission.CHANGE_WIFI_STATE']

AndroidDataset.loc[AndroidDataset.type==0, top10].sum()
```

```
 1 AndroidDataset.loc[AndroidDataset.type==0, top10].sum()

android.permission.INTERNET            104
android.permission.READ_PHONE_STATE      24
android.permission.ACCESS_NETWORK_STATE   62
android.permission.WRITE_EXTERNAL_STORAGE  76
android.permission.ACCESS_WIFI_STATE      29
android.permission.READ_SMS             4
android.permission.WRITE_SMS            1
android.permission.RECEIVE_BOOT_COMPLETED  30
android.permission.ACCESS_COARSE_LOCATION  13
android.permission.CHANGE_WIFI_STATE      13
dtype: int64
```

図3-21　マルウェアで使用されている上位10件のパーミッションが、正規アプリではどの程度使用
されているか

　結果は**図3-21**のようになる。マルウェアに比べて、正規アプリでは特定のパーミッ
ションは要求されていない傾向があるように思える。この傾向をより明確にするため
に、可視化してみよう。

```
import matplotlib.pyplot as plt
fig, axs = plt.subplots(nrows=2, sharex=True)

AndroidDataset.loc[AndroidDataset.type==0, top10].sum().plot.bar(ax=axs[0])
AndroidDataset.loc[AndroidDataset.type==1, top10].sum().plot.bar(ax=axs[1], color="red")
```

　上が正規アプリのヒストグラムであり、下はマルウェアのヒストグラムである
（**図3-22**）。やはり特定のパーミッションが正規アプリで使用されることは少なく、逆
にマルウェアでは多いといった傾向が見てとれるだろう。

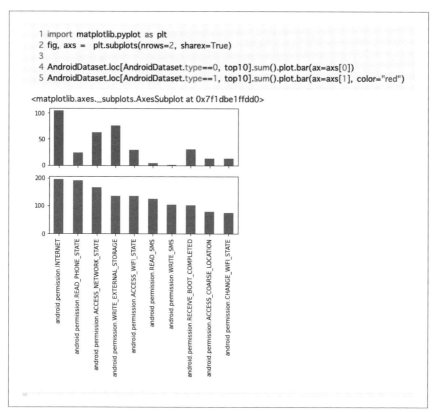

```
1 import matplotlib.pyplot as plt
2 fig, axs = plt.subplots(nrows=2, sharex=True)
3
4 AndroidDataset.loc[AndroidDataset.type==0, top10].sum().plot.bar(ax=axs[0])
5 AndroidDataset.loc[AndroidDataset.type==1, top10].sum().plot.bar(ax=axs[1], color="red")
```

図3-22 マルウェアと正規アプリの特定のパーミッションの可視化

このようなデータの偏り・傾向を使って機械学習アルゴリズムを訓練すれば、マルウェアの検出に役立たせることができそうだ。まずは、いつものように特徴量を変数Xに代入し、ラベルを変数yに代入する。

```
# X,yに特徴量とラベルをそれぞれ代入
X = AndroidDataset.iloc[:,:-1]
y = AndroidDataset.iloc[:, -1]
```

3.3.1　SVMのハイパーパラメータチューニング

今回は、これまで使用したのとはさらに別のアルゴリズムを採用してみることにする。そこでアルゴリズムにSVM（Support Vector Machine）を使ったマルウェア検

出器を構築しよう。いつもどおり、まずはハイパーパラメータのチューニングだ。な
お今回、チューニング対象に選択しているCは正則化パラメータ、kernelはカーネ
ル関数、gammaは特定のカーネル関数が使用された際のカーネル係数だ。ほかにどん
なパラメータがあるのかについては、scikit-learnのSVCのマニュアルを調べるとよ
いだろう。

```python
from sklearn.svm import SVC
from sklearn.metrics import accuracy_score
from sklearn.model_selection import train_test_split
import numpy as np
import optuna
from sklearn.model_selection import StratifiedKFold, cross_validate

# データセットをテスト用のデータに20%を割り当てて分割
X_train, X_test, y_train, y_test = \
train_test_split(X, y, test_size=0.2, shuffle=True, random_state=101)

# SVMのハイパーパラメータチューニング用のクラスを設定
class Objective_SVM:
    def __init__(self, X, y):
        self.X = X
        self.y = y


    def __call__(self, trial):
        # チューニング対象のパラメータを指定
        params = {
            'kernel': trial.suggest_categorical(
                'kernel', ['linear', 'poly', 'rbf', 'sigmoid']),
            'C': trial.suggest_loguniform('C', 1e-5, 1e2),
            'gamma': trial.suggest_categorical(
                'gamma', ['scale','auto']),
        }
        # モデルの初期化
        model = SVC(**params)

        scores = cross_validate(model,
                                X=self.X, y=self.y,
                                n_jobs=-1)
        return scores['test_score'].mean()

# チューニングの対象クラスを設定
objective = Objective_SVM(X_train, y_train)
study = optuna.create_study(direction='maximize')
# 最大で1分間チューニングを実行
study.optimize(objective, timeout=60)
```

```
# ベストのパラメータの出力
print('params:', study.best_params)
```

ハイパーパラメータをチューニングし終えたら、探索したハイパーパラメータを使って訓練を行う。

```python
from sklearn.metrics import confusion_matrix
from sklearn.metrics import accuracy_score

# 探索結果として得られたベストのパラメータを設定
model = SVC(
    kernel = study.best_params['kernel'],
    C = study.best_params['C'],
    gamma = study.best_params['gamma']
)
# モデルの訓練
model.fit(X_train, y_train)
# テスト用のデータを使用して予測
pred = model.predict(X_test)

# 予測結果とテスト用のデータを使って正解率と、混同行列を出力
print("Accuracy: {:.5f} %".format(100 * accuracy_score(y_test, pred)))
print(confusion_matrix(y_test, pred))
```

結果は**図3-23**のようになる。

```
15 # 予測結果とテスト用のデータを使って正解率と、混同行列を出力
16 print("Accuracy: {:.5f} %".format(100 * accuracy_score(y_test, pred)))
17 print(confusion_matrix(y_test, pred))

Accuracy: 87.50000 %
[[33  5]
 [ 5 37]]
```

図3-23 SVMによる検出器の結果

3.4 まとめ

マルウェアは、現代の組織の情報セキュリティを脅かす、最も一般的なサイバーセ

キュリティにおける脅威のひとつである。ブラックハットハッカーは常に腕を磨いている。そのため、従来型の検出技術は時代遅れになることもあり、ウイルス対策製品はAPT攻撃を検出できないことがあるのだ。このような場合に、機械学習技術がマルウェアの検出に役立つこともある。

　この章では、複数の機械学習アルゴリズムとPythonライブラリを使用して、マルウェア検出器を作成する方法を学んだ。次の章では、人間の脳で使用されるのとおよそ同じアルゴリズムを使用して、マルウェアを検出するためのシステムを開発する方法を説明する。Pythonライブラリを活用し、ディープラーニングを使用してマルウェアを検出する方法を学習する。

3.5　練習問題

　読者はすでに、機械学習モデルを開発できることだろう。その練習として、この新しいスキルを試してみよう。

　GitHubリポジトリのch03ディレクトリ内には、11,000以上の良性および悪意のあるAndroidアプリの特徴ベクトルを含むデータセット（dataset.csv）がある。

3-1 pandasを使用してデータセットをロードし、今回は、sep=';'をパラメータに追加する。このパラメータの役割は何か、データを検索して確認しなさい。

3-2 pandasのhead()を使用してデータセットの概要を把握する。列rating_number以降から最終列のひとつ前までが数値型とone-hot表現で、Androidの特定の機能を使っているかどうかのフラグが入っている。これをpandasのスライスなどを使用し、訓練に使用する特徴量として抽出しなさい。また、最終列のLABEL列を抽出して、benignwareを0に、malwareを1に置換し、目的変数を作成しなさい。

3-3 sklearn.model_selectionからtrain_test_splitをインポートし、test_size = 0.2で訓練データを分割しなさい。

3-4 DecisionTreeClassifier()、RandomForestClassifier(n_estimators = 100)、およびAdaBoostClassifier()を含む分類器のリストを作成しなさい。

3-5 AdaBoostClassifier()とは何か、調査しなさい。

3-6 前記の3つの分類器を使用してモデルを訓練し、scoreメソッドを使ってそれぞれの正解率を確認しなさい。

4章
ディープラーニングによる
マルウェア検出

　人間の心というものは、とても魅力的な存在である。そして、私たちの潜在意識と無意識の力は信じられないほどのものだ。この力を実現させているのは、継続的に自己学習し、迅速に適応する、われわれの能力だ。この驚くべき人間の能力は、目の前にあるものが何であるかを判断する前に何十億ものタスクを計算できる。そして科学者は何十年もの間、人間の心のように同時に起こるタスクを処理できる機械、すなわち、膨大な数のタスクを効率的かつ信じられない速度で実行できるシステムを構築しようと試みてきた。機械学習の部分領域である**ディープラーニング**は、人間の心のように機能し、その構造に触発されたアルゴリズムの開発を支援するために生まれた。こうした手段はサイバー空間の脅威や攻撃に対する対策において有望な結果をもたらしているため、情報セキュリティの専門家もこの技術に興味を持っている。情報セキュリティの世界におけるディープラーニングの実装に最適な候補のひとつは、マルウェア対策である。

　本章では、次の内容を取り扱う。

- ニューラルネットワークの概要
- Pythonを使った最初のニューラルネットワークの作成
- ディープラーニングによるマルウェア検出器の開発
- マルウェアの可視化手法と、畳み込みニューラルネットワークを使用したマルウェア検出器の開発

4.1　脳とニューロン

　私たちの脳は一瞬の間に多数かつ複雑な機能を実現する。したがって、人間の脳と

同じ技術を使用して学習・識別するアルゴリズムを使用するには、脳の仕組みを学習することが不可欠である。人間の脳がどのように機能するかについて学べば、ディープラーニングをより理解することができる。主要な3つの特徴的な脳のはたらきは次のとおりだ。

- （分析、比較、判断などを）考える
- （幸せ、悲しみ、興奮などを）感じる
- （動機、望み、目標などを）欲する

これら3つの機能は、動的なプロセスとして継続的に相互に作用している。

脳は主に「大脳」「小脳」「脳幹」の3つのコンポーネントで構成されている。大脳は脳の最大の部位であり、視覚、聴覚、味覚などの高次の機能を制御する。小脳は、筋肉の動きとバランスを含む、人体の一般的な姿勢の制御を担当する。脳幹は大脳と小脳を接続し、くしゃみ、咳、あるいは消化を含む多くのタスクを制御する。

脳は、そのさまざまな部位を駆使することで、複雑な操作を実行する。論理的には、人間の脳は多くの領域で構成されており、各領域は特定のアルゴリズムに基づいて機能している。脳の各部分は独自のアルゴリズムを使用して機能しているが、驚くべきことに、人間の脳は本質的に同一のアルゴリズムを使用して多くの異なる入力方式を理解している、という説がある。この仮説は、**単一学習アルゴリズム**（one learning algorithm）と呼ばれる。これはAnna Wang Roeらによって行われた多くの研究のうちのひとつであり、1992年に、フェレットを使った実験において、視覚の入力をフェレットの脳の聴覚部分につなぎ変えた結果、聴覚皮質が「見る方法」を学習した、という結果[1]によるものである。

人工知能（Artificial Intelligence：AI）、**機械学習**（Machine Learning：ML）、および**ディープラーニング**（Deep Learning：DL）の関係を**図4-1**に示す。

---

[1]　訳注：Roe, AW; Pallas, SL; Kwon, YH; Sur, M. Visual projections routed to the auditory pathway in ferrets: receptive fields of visual neurons in primary auditory cortex. Journal of neuroscience. 12 (9): 3651-64, 1992.

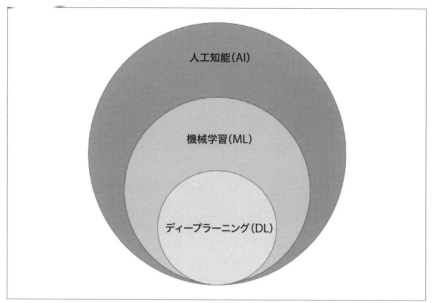

図4-1　AI・機械学習・ディープラーニングの関係

　生物学的には、人間の脳はニューロンと呼ばれる数十億の小さな器官で構成されている。ニューロンは、電気信号および化学信号を介して情報を処理および転送するユニットだ。これらの神経細胞は主に次のもので構成されている。

- 樹状突起
- 軸索
- シナプス
- 細胞体
- 細胞核

図4-2は、生物学的ニューロンの構成要素を示している。

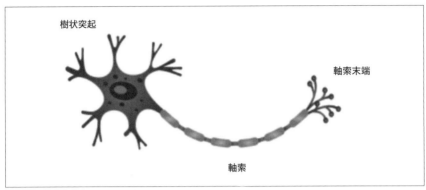

図4-2　生物学的ニューロンの構成要素

4.2　パーセプトロン

　生物学的ニューロンの類似表現は、**パーセプトロン**と呼ばれる[†2]。複数の入力に対し、0か1の出力を行うものだ。パーセプトロンは次のような数式で表現することができる。

$$y = \begin{cases} 0 & (b + w_1 x_1 + w_2 x_2 \leqq 0) \\ 1 & (b + w_1 x_1 + w_2 x_2 > 0) \end{cases}$$

　b をバイアス、w を重みと呼ぶ。入力 $\{x\}$ に重みを乗算し、バイアスとの総和が0より大きければ1を、それ以外であれば0を出力する。バイアスと重みは、人間が決定しなければならない。

4.3　ニューラルネットワーク

　ニューラルネットワークは「多層パーセプトロン」とも呼ばれる。その名のとおり、パーセプトロンを複数接続して層を作り、入力と重みから出力を決定し、それを次の入力として、最終的な出力を決定する。図で表現すると**図4-3**のようになる。

[†2]　訳注：本書では、単純パーセプトロンを「パーセプトロン」、多層パーセプトロンを「ニューラルネットワーク」としている。

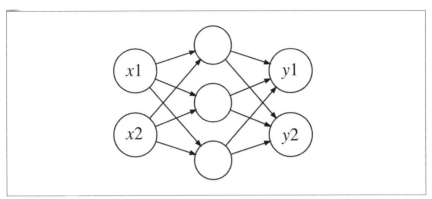

図4-3　ニューラルネットワーク

　入力と重みの総和から出力を決定する関数を、活性化関数と呼ぶ。

4.3.1　活性化関数

　先ほどのパーセプトロンの式は、次のように書き換えることができる。

$$a = b + w_1 x_1 + w_2 x_2$$
$$y = h(a)$$

　$h()$ は**活性化関数**と呼ばれる。

4.3.1.1　ステップ関数

　前述のパーセプトロンは、入力の総和が0を超えたら1を出力し、それ以外は0を出力する活性化関数を使っていると言い換えることができる。この活性化関数をステップ関数と呼び、次のような式で表すことが可能である。

$$h(x) = \begin{cases} 0 & (x \leqq 0) \\ 1 & (x > 0) \end{cases}$$

　この関数をグラフで表すと、**図4-4**のようになる。

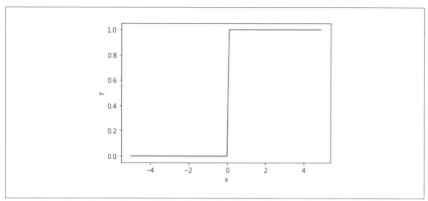

図4-4 ステップ関数

4.3.1.2 シグモイド関数

　ニューラルネットワークで使用される活性化関数は複数あるが、古くから使われているのはシグモイド関数である。式は次のとおり。

$$h(x) = \frac{1}{1 + e^{-x}}$$

　グラフは**図4-5**のとおりである。

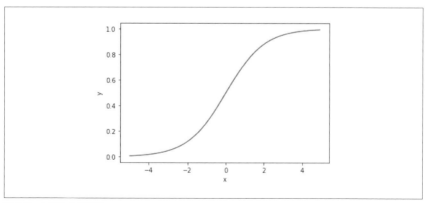

図4-5 シグモイド関数

　ステップ関数と比べると、線が滑らかになっていることがわかるだろう。ステップ

関数が0か1のどちらかしか返さないのに比べ、シグモイド関数では実数が返される。

4.3.1.3 ReLU関数

近年では、ReLU関数もよく使われる。ReLU関数は、入力が0を超えていればその入力をそのまま出力し、0以下ならば0を返す。式は次のとおりである。

$$h(x) = \begin{cases} x & (x > 0) \\ 0 & (x \leqq 0) \end{cases}$$

グラフは**図4-6**のとおりである。

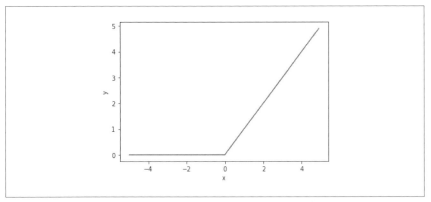

図4-6　ReLU関数

ニューラルネットワークと人間のニューロンの類似性は完全に同一ではない。人間の脳は、ニューラルネットワークよりもはるかに複雑である。いくつかの類似点は存在するが、脳とニューラルネットワークの直接的な比較は適切ではない。

4.4　PEヘッダを使用したディープラーニングによるマルウェア検出器の開発

ここまでに学んだ内容を活用し、ニューラルネットワークによるマルウェア検出器を開発しよう。まずは、データセットの確認から始めよう。ここまでの章を読み進めたことで、読者は機械学習のモデルを作り上げるために必要な手順をよく理解して

いるだろう。今回は、PE（Portable Executable）ファイルフォーマットから抽出されたデータをもとにモデルを作成する。前章では`pefile`による Windows バイナリからのデータ抽出を行ったが、今回は`lief`を使用する。`lief`は Windows バイナリ以外にも、Linux 用の ELF バイナリや、MachO、DEX といったさまざまなファイルフォーマットを取り扱うことができ、また JSON 形式の出力もできる。このことは、読者が独自のデータセットを作成する際に有用だろう。

まずは`lief`の使い方を学ぶために、Simon Tatham が MIT ライセンスで開発しているリモートログオンクライアントである PuTTY の実行ファイルを wget コマンドを使用してダウンロードし、ファイル名 pe として保存しよう。

```
!wget https://the.earth.li/~sgtatham/putty/latest/w32/putty.exe -O pe
```

`lief`をインストールする。なお、`lief`の最新版だと、Google Colaboratory がクラッシュすることがあるので、その対策としてここではバージョン 0.10.0 を使用する。

```
# liefの最新版だと、Google Colaboratoryがクラッシュすることがあるので0.10.0を使用する
!pip install lief==0.10.0
```

パッケージをインポートして、ダウンロードしたバイナリをロードしよう。

```
import lief

binary = lief.parse("pe")
```

それでは PE ファイルから`MajorLinkerVersion`、`MinorLinkerVersion`、`SizeOfImage`、`DllCharacteristics`といったエントリを含むヘッダ`_IMAGE_OPTIONAL_HEADER`から情報を抽出しよう（**図4-7**）。

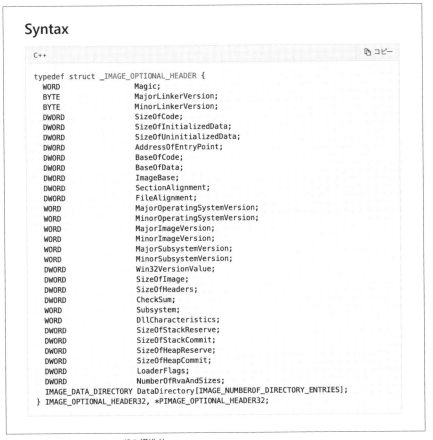

図4-7 PE の Optional ヘッダの構造体

以下のスクリプトでは、次の情報を抽出している。

- `MajorLinkerVersion`
- `NumberOfSections`
- `ImageVersion`

```
MajorLinkerVersion = binary.optional_header.major_linker_version
print(MajorLinkerVersion)

MinorLinkerVersion = binary.optional_header.minor_linker_version
print(MinorLinkerVersion)

NumberOfSections = binary.header.numberof_sections
print(NumberOfSections)
```

モデルの訓練は計算量が多いため、すべてのヘッダ情報を処理してモデルを訓練することは賢明ではない。そこで、特徴量エンジニアリングを行う必要がある。Adobe Systems PSIRT（Product Security Incident Response Team）のKarthik Ramanによる「Selecting Features to Classify Malware」という研究[†3]では、機械学習を使ったマルウェア分類器を開発するために重要なPEヘッダの要素として以下の7つを提案している。なお VirtualSize2 は、2番目のセクションの VirtualSize の値だ。

- DebugSize
- ImageVersion
- IatRVA
- ExportSize
- ResourceSize
- VirtualSize2
- NumberOfSections

lief を使ってこれらを抽出してみる。

```
# ヘッダ内のDebugSizeの取得と出力
DebugSize = binary.data_directories[6].size
print("DebugSize: {}".format(DebugSize))

# ヘッダ内のImageVersionの取得と出力
ImageVersion = binary.optional_header.major_image_version
print("ImageVersion: {}".format(ImageVersion))
```

---

†3　訳注：K. Raman. Selecting features to classify malware. In InfoSec Southwest, 2012.
　　機械学習を使用したマルウェア検出関連の学術論文では、かなりの高確率で引用されており、この分野での先行研究としてよく知られている。

```
# ヘッダ内のIatRVAの取得と出力
IATRVA = binary.data_directories[12].rva
print("IatRVA: {}".format(IATRVA))

# ヘッダ内のExportSizeの取得と出力
ExportSize = binary.data_directories[0].size
print("ExportSize: {}".format(ExportSize))

# ヘッダ内のResourceSizeの取得と出力
ResSize = binary.data_directories[2].size
print("ResourceSize: {}".format(ResSize))

# ヘッダ内のVirtualSize2の取得と出力
VirtualSize2 = binary.sections[1].virtual_size
print("VirtualSize2: {}".format(VirtualSize2))

# ヘッダ内のNumberOfSectionsの取得と出力
NumberOfSections = binary.header.numberof_sections
print("NumberOfSections: {}".format(NumberOfSections))
```

　出力結果を確認すると、PEヘッダの値は各要素によって違いが激しいことがわかる。非常に大きな値になるものもあれば、だいたい小さな値に収まるものもある。こうした要素ごとにばらつきの差が激しいものを特徴量に使用した場合、大きな値を持つ特徴量の重要度が高くなってしまい、検出器の訓練や性能を狂わせる可能性がある。その対策として、標準化を行うことで、より有効な特徴量を生成できる（**図4-8**）。これについてはあとで詳述する。

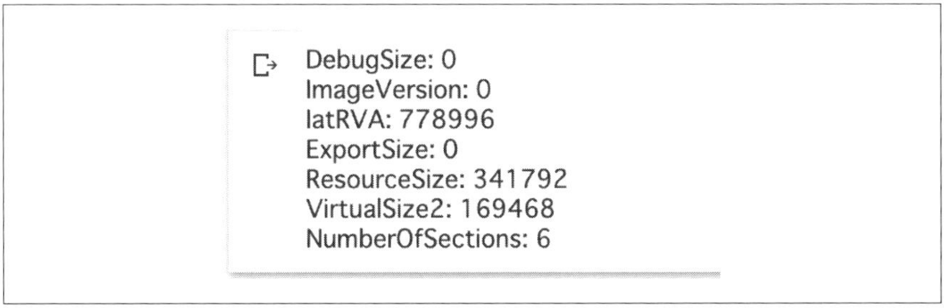

```
[→   DebugSize: 0
     ImageVersion: 0
     IatRVA: 778996
     ExportSize: 0
     ResourceSize: 341792
     VirtualSize2: 169468
     NumberOfSections: 6
```

図4-8　PEファイルからそのまま取得した特徴量の例

4.4.1　マルウェアのデータセット

　モデルを訓練するために、多くの公開されている情報源がある。さまざまな種類の
ファイル（正規のものと不正なものの両方）を、次のような多くの組織からダウン
ロードすることができる[†4]。

- ViruSign
  http://www.virusign.com/
- MalShare
  http://malshare.com/
- Malware DB
  http://ytisf.github.io/theZoo/
- Any.Run
  https://app.any.run/
- hybrid-analysis
  https://www.hybrid-analysis.com/
- Elastic Malware Benchmark for Empowering Researchers（EMBER）
  https://github.com/elastic/ember

　EMBERデータセットは、マルウェアに関するデータセットとしては最大級のデー
タ量を誇るものである。今回はこのデータセットとディープラーニングを使って、マ
ルウェア検出器を構築する（**図4-9**）。

[†4]　訳注：本書の寿命が伸びると、次に紹介しているEMBERデータセットも含めて、こうしたマルウェア検
　　　体やデータセットの配布元が消失したりする可能性は大いにある。その場合は、Lenny Zeltser氏がまと
　　　めている研究者向けのマルウェア入手先一覧のページ（https://zeltser.com/malware-sample-sources/）
　　　や、本書のサポートページを確認してほしい。

The EMBER dataset is a collection of features from PE files that serve as a benchmark dataset for researchers. The EMBER2017 dataset contained features from 1.1 million PE files scanned in or before 2017 and the EMBER2018 dataset contains features from 1 million PE files scanned in or before 2018. This repository makes it easy to reproducibly train the benchmark models, extend the provided feature set, or classify new PE files with the benchmark models.

This paper describes many more details about the dataset: https://arxiv.org/abs/1804.04637

Features

The LIEF project is used to extract features from PE files included in the EMBER dataset. Raw features are extracted to JSON format and included in the publicly available dataset. Vectorized features can be produced from these raw features and saved in binary format from which they can be converted to CSV, dataframe, or any other format. This repository makes it easy to generate raw features and/or vectorized features from any PE file. Researchers can implement their own features, or even vectorize the existing features differently from the existing implementations.

The feature calculation is versioned. Feature version 1 is calculated with the LIEF library version 0.8.3. Feature version 2 includes the additional data directory feature, updated ordinal import processing, and is calculated with LIEF library version 0.9.0. We have verified under Windows and Linux that LIEF provides consistent feature representation for version 2 features using LIEF version 0.10.1.

図4-9　EMBERデータセットのGitHubリポジトリ

まずはデータセットを格納するディレクトリを作成する。

```
!mkdir ember_data
```

データセットをダウンロードして作成したディレクトリに展開する。2ギガバイト近いデータなので、時間がかかることに注意しよう。

```
!wget https://ember.elastic.co/ember_dataset_2018_2.tar.bz2
!tar jxf ember_dataset_2018_2.tar.bz2 -C ember_data
```

emberパッケージをGitHubのリポジトリからクローンする。このあとデータセットをベクトル化する際や、検出器を構築したあと、実際に検出に利用する際に使うためだ。

```
!git clone https://github.com/endgameinc/ember
```

4.4.1.1　データセットのサイズの調整

catコマンドを使用して、__init__.pyの内容を出力する。今回は、データセット

から約26万検体分の特徴量を訓練に使用する。これは通常の Google Colaboratory
環境下のメモリ量を勘案した場合の措置であり、もちろんオンプレミスや有償クラウ
ド上のもっと強力な計算リソースなどを読者が持っているのであれば、この限りでは
ない。

```
!cat ./ember/ember/__init__.py
```

コードセルにビルトインのマジックコマンドを入力する。

```
%%writefile ./ember/ember/__init__.py
```

cat コマンドで出力した内容をコピーし、%%writefile の次の行以降にペースト
する。そしてペーストしたコードの関数 create_vectorized_features 内の次の
箇所を

```
raw_feature_paths = [os.path.join(data_dir,
↪    "train_features_{}.jsonl".format(i)) for i in range(6)]
```

次のように書き換えて

```
raw_feature_paths = [os.path.join(data_dir,
↪    "train_features_{}.jsonl".format(i)) for i in range(3)]
```

コードを実行することで __init__.py を修正できる。ここは少しわかりにくいの
で、サポートページ GitHub リポジトリの4章の .ipyb ファイルを参考にしていただ
くとよいだろう。
　上書きに成功したら、修正した ember パッケージをインストールする。

```
%cd ./ember
!pip install -r requirements.txt
!python setup.py install
%cd ..
```

　そして、データセットをベクトル化し、特徴量にする。この作業には30分程度かか

ると思われるので、時間に余裕のあるときに行うとよいだろう。

```python
from ember import ember
# データセットのベクトル化
ember.create_vectorized_features("./ember_data/ember2018")
```

　特徴量の生成に成功したら、訓練用のデータと、テスト用のデータに分割してロードする。このとき、訓練用のデータにラベルに「−1」が設定されているものを列から除外する。「−1」のラベルは、ラベリングされていないことを示す。ラベルなしのデータは教師なし学習や半教師あり学習によるマルウェア検出のために用意されているが、今回は使用しないので除外する。EMBERデータセットの内訳の構成は**図4-10**のとおりである。見てのとおり、訓練用データにはラベリングされていないデータが1/3存在する一方で、テストデータにはラベリングされていないデータは入っていないので、除外処理は必要ない。

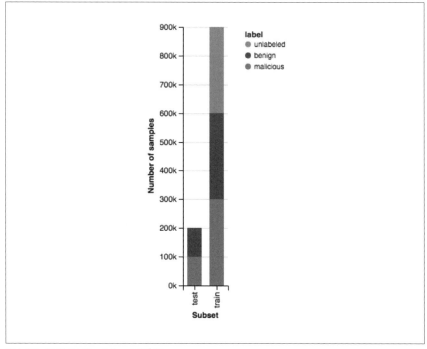

図4-10　EMBERデータセットの内訳

```
# 訓練用のデータとテスト用のデータをロード
X_train, y_train, X_test, y_test = \
ember.read_vectorized_features("./ember_data/ember2018/")
# ラベリングされていないデータを除外
train_rows = (y_train != -1)
X_train = X_train[train_rows]
y_train = y_train[train_rows]
```

4.4.2　特徴量の標準化

4.4.2.1　訓練データの可視化による標準化の必要性の確認

ここで少しだけ寄り道してみよう。標準化の重要性を視覚的に確認するために、標準化前の訓練データの列をひとつ取り出し、グラフにして可視化してみる。

```
import numpy as np
import pandas as pd
import matplotlib.pyplot as plt

orig_data = pd.DataFrame(X_train[6,:])
orig_data.plot()
```

結果を**図4-11**に示す。異常に大きな値がひとつ、特徴量に入っていることがわかる。このように特徴量の変数間での桁数が大きく異なっていると、ニューラルネットワークでは訓練がうまく進まないことが知られている。

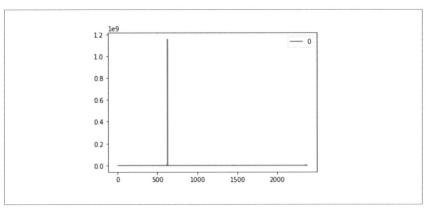

図4-11　標準化前の訓練データの列のグラフ

4.4.2.2　StandardScalerによる標準化

次に、scikit-learnのpreprocessingパッケージのStandardScalerクラスを使って特徴量の標準化を行う。前述のとおり、PEヘッダの各要素はばらつきの大きい値をとるため、そのまま使用すると、結果的に検出器の正解率がほとんど上がらなくなる可能性がある。特にディープラーニングでは、変数同士のスケールが異なるままでは訓練がうまく行われないことがある。特定の大きな値をとる特徴量の重要度が高くなってしまい、正しく分類ができなくなることがあるからだ。これを防ぐために標準化を行う。

```
from sklearn.preprocessing import StandardScaler
# 訓練用とテスト用の特徴量を標準化
scaler = StandardScaler()
X_train = scaler.fit_transform(X_train)
X_test = scaler.transform(X_test)
```

Google ColaboratoryにGoogle Driveをマウントする

ここで使用する特徴量は大量であるため、メモリを圧迫し、ときに意図しないインスタンスのクラッシュを招くことがある。その対策として、まずGoogle ColaboratoryにGoogle Driveをマウントしよう。そのためには、次のコードを実行する。

```
from google.colab import drive
drive.mount('/content/drive')
```

すると**図4-12**のように、次のURLにアクセスしなさいという指示が表示される。

図4-12　Google Drive をマウントするための認証コードを取得するコード

　このURLをブラウザで開くと、**図4-13**と**図4-14**のようなアカウントの選択と、ログインの確認の画面が表示されるので、アカウントが間違いなく使用しているものと一致するならばログインを行い、最後に**図4-15**の画面から認証コードをコピーする。

図4-13　Google Drive をマウントするアカウントの選択

図4-14　Google Drive をマウントするアカウントのログイン

図4-15　Google Drive をマウントするための認証コードをコピー

　Google Colaboratory に戻り、**図4-16**のように入力欄に認証コードを貼り付けて Enter を押下する。うまくいけば「Mounted at /content/drive」と出力されるだろう。

図4-16　コピーした認証コードを貼り付けて Enter を押下

　これ以後、パス **/content/drive/MyDrive** に Google Drive がマウントされ

ているので、この場所にファイルやモデルを保存しておけば、時間が経ってインスタンスが消えてしまったり、クラッシュしてしまっても再度 Google Drive をマウントして容易に復旧できる。たとえば、

```python
import pickle

pickle.dump(X_train, open('/content/drive/MyDrive/X_train.pkl','wb'))
pickle.dump(X_test, open('/content/drive/MyDrive/X_test.pkl','wb'))
pickle.dump(y_train, open('/content/drive/MyDrive/y_train.pkl','wb'))
pickle.dump(y_test, open('/content/drive/MyDrive/y_test.pkl','wb'))
pickle.dump(scaler, open('/content/drive/MyDrive/scaler.pkl','wb'))
```

を実行して特徴量とラベル、Scaler を保存しておこう。クラッシュしてしまった場合には、

```python
import pickle

X_train = pickle.load(open('/content/drive/MyDrive/X_train.pkl','rb'))
X_test = pickle.load(open('/content/drive/MyDrive/X_test.pkl','rb'))
y_train = pickle.load(open('/content/drive/MyDrive/y_train.pkl','rb'))
y_test = pickle.load(open('/content/drive/MyDrive/y_test.pkl','rb'))
scaler = pickle.load(open('/content/drive/MyDrive/scaler.pkl','rb'))
```

を実行してデータセットと標準化のデータをロードすることで、コードを再実行してデータセットを再度読み出す時間や、標準化する時間などを節約できる。

それでは次に、標準化を行ったあとのデータの一部をグラフにして可視化してみよう。

```python
import numpy as np
import pandas as pd
import matplotlib.pyplot as plt

scaled_data = pd.DataFrame(X_train[6,:])
scaled_data.plot()
```

結果を**図4-17**に示す。4から −4 の間に、特徴量がまとまっていることが確認できる。標準化とは、元のデータの平均を 0 として標準偏差が 1 のデータに変換すること

を指す。ちなみに、データを整形する手法としてほかに正規化があり、こちらはデータの最大値が1、最小値が0となるように変換することを指す。今回はPEヘッダを中心とした特徴量であり、値の最大値や最小値は定まっていない。このため、標準化を採用している。一方、画像のように値の最大値や最小値が定まっている場合には、正規化が有効となることもある。

　ロジスティック回帰や、SVM、ニューラルネットワークといった勾配法を用いたモデルや、k-meansなどの距離を用いるモデルでは、こうした標準化を訓練前に行っておくことが重要である。他方で、決定木やランダムフォレストといったモデルを使用するのであれば、標準化は必要なくなる。

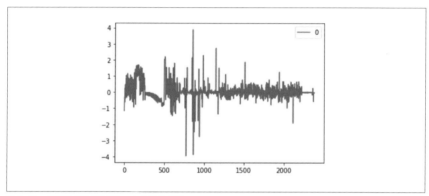

図4-17　標準化後の訓練データの列のグラフ

4.4.3　ハイパーパラメータのチューニング

　さて、これで検出器の訓練の準備が整った。それではKerasを使ったディープラーニングのモデルを構築しよう。

1. 必要なパッケージをインポートし、層を順番に重ねていくSequentialモデルを選択する
2. 最初の入力（input_dim）に訓練データの次元数（2381）を設定し、さらに活性化関数にReLU（Rectified Linear Unit）を使用する全結合（Dense）層を重ねる
3. 過学習（過適合ともいう）を抑制するために、Dropoutを適宜設定する。Dropoutとは、訓練の過程においてニューロンをランダムに無視することで過学習の抑止装置となる仕組みである。さらに今回のモデルでは、バイナリがマルウェアか、

そうじないかの二値分類問題であるため、最後の層にはシグモイド活性化関数を
使用した単一ユニットの層を設定する

4. 損失関数には`binary_crossentropy`（2値の交差エントロピー誤差）を指定し、
   オプティマイザには Adam を指定している。損失関数は訓練がどれだけうまく
   いっているかの指標であり、交差エントロピー誤差はニューラルネットワークか
   ら出力されるラベルの確率と教師データから求められる。オプティマイザとは、
   ニューラルネットワークの重み付けを更新・最適化する手法のことである。な
   お`learning_rate`は損失関数のハイパーパラメータのひとつであり、learning
   rate（学習係数）を設定する。学習係数は、訓練の1サイクルあたりに更新され
   る重みの量であり、この値が大きすぎると大雑把な最適化となってしまったり、
   逆に小さすぎると最適化そのものがうまく進まないといったことがある

5. 訓練とテストを監視するための指標に正解率（`accuracy`）を指定し、モデルの
   コンパイルを行う。最後に訓練を実行する

6. 訓練データの繰り返し学習数（epoch）は3回を指定している。訓練データには
   約26万検体分を、テストには20万検体分のデータを使用している

　以上の設定で、optunaを使用して、ベストなハイパーパラメータをチューニングし
よう。今回は時間的な都合上、チューニングのチャレンジ回数は3回（`n_trials=3`）、
最大で20分間（`timeout=1200`）と指定しているが、より高い正解率を求めるので
あれば、このパラメータを増やすこともひとつの手段だ。ただしその場合にはより計
算量が増えるので、さらに時間が必要となってしまうことは理解していただきたい。
また、メモリの消費によるColaboratoryインスタンスのクラッシュを抑止するため
に、Pythonのガベージコレクション（Garbage Collection：GC）を使用し、必要な
くなったメモリ領域を自動的に開放するよう明示的に実行して、訓練データなども都
度、削除している。

```python
from keras.backend import clear_session
from keras.models import Sequential
from keras.layers import Dense, Activation, Dropout
from tensorflow.keras.optimizers import Adam
import numpy as np
import gc
import optuna

def Objective(trial):
```

```
# データのコピー
X_train_copy = np.copy(X_train)
y_train_copy = np.copy(y_train)

# モデルの作成と、パラメータ探索の設定
model = Sequential()
model.add(Dense(2048, activation='relu', input_dim=2381))
model.add(Dense(1024, activation='relu'))
# ドロップアウトの設定
dropout_rate = trial.suggest_uniform('dropout_rate', 0, 0.5)
model.add(Dropout(rate=dropout_rate))
model.add(Dense(1024, activation='relu'))
model.add(Dense(1, activation='sigmoid'))
optimizer = Adam(
    learning_rate=trial.suggest_loguniform(
        "learning_rate", 1e-5, 1e-1),
    beta_1=trial.suggest_uniform("beta_1", 0.0, 1.0),
    beta_2=trial.suggest_uniform("beta_2", 0.0, 1.0)
    )
model.compile(
    loss='binary_crossentropy',
    optimizer=optimizer, metrics=['accuracy']
    )
history = model.fit(
    X_train_copy,
    y_train_copy,
    batch_size=512,
    epochs=5,
    validation_split=0.2
    )

eval_value = 1 - history.history["val_accuracy"][-1]

# 訓練データの削除とメモリの開放
clear_session()
del model, optimizer, history, X_train_copy, y_train_copy
gc.collect()

return eval_value

study = optuna.create_study()
study.optimize(Objective, n_trials=3, timeout=1200)
print('Best params:', study.best_params)
```

適切なハイパーパラメータを得ることができたので、これを使って訓練させよう。

```python
from sklearn.model_selection import KFold, cross_validate
from keras.backend import clear_session
from keras.models import Sequential
from keras.layers import Dense, Activation, Dropout
from tensorflow.keras.optimizers import Adam
from keras.wrappers.scikit_learn import KerasClassifier

def buildmodel():
    estimator = Sequential()
    estimator.add(Dense(2048, activation='relu', input_dim=2381))
    estimator.add(Dense(1024, activation='relu'))

    estimator.add(Dropout(rate=study.best_params['dropout_rate']))
    estimator.add(Dense(1024, activation='relu'))
    estimator.add(Dense(1, activation='sigmoid'))

    optimizer = Adam(
        learning_rate = study.best_params['learning_rate'],
        beta_1 = study.best_params['beta_1'],
        beta_2 = study.best_params['beta_2']
    )
    estimator.compile(loss='binary_crossentropy', optimizer=optimizer,
↪   metrics=['accuracy'])
    return(estimator)

estimator = KerasClassifier(
    buildmodel,
    epochs=5,
    batch_size=256,
    verbose=1
    )
results = cross_validate(estimator, X_train, y_train, cv=5)
print('Test accuracy: ', results['test_score'].mean())
```

うまくいけば、交差検証の平均で95%前後の正解率を得られる（**図**4-18）。

```python
print('Test accuracy: ', results['test_score'].mean())
```

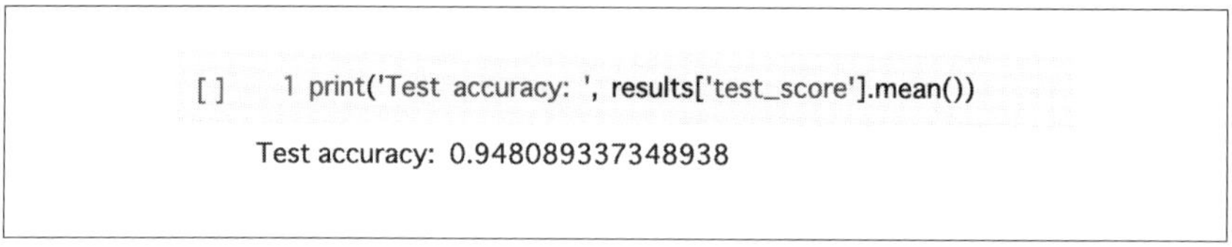

```
[ ]    1 print('Test accuracy: ', results['test_score'].mean())

Test accuracy: 0.948089337348938
```

図4-18　ディープラーニングを使用したマルウェア検出器の正解率

ところで、このように大きなデータセットを使用してディープラーニングを実施するには、計算能力だけでなく多大な時間を要する。そこで便利なのは、モデルの保存だ。このモデルを保存するには、次のようにモデルを訓練した[†5]うえでsaveメソッドを使ってファイルに（ここではdetect_malware_model.h5というファイル名で前記の方法を使用してGoogle Driveに）保存する。

```
estimator = buildmodel()
estimator.fit(X_train, y_train, epochs=10, batch_size=128)
estimator.save('/content/drive/MyDrive/detect_malware_model.h5')
```

モデルのロードは次のようなコードで可能だ。

```
from tensorflow.python.keras.models import load_model

estimator = load_model('/content/drive/MyDrive/detect_malware_model.h5')
```

4.4.4　マルウェア検出のテスト

このモデルが、実際にマルウェアを検出できるか確かめてみよう。まず、正規のファイルをダウンロードしてみることにしよう。一例として、ここではオープンソースのリモートログオンクライアントであるPuTTYをダウンロードしてみる。

```
!wget https://the.earth.li/~sgtatham/putty/latest/w32/putty.exe
```

マルウェアもダウンロードしてみよう。米国のセキュリティ企業のInQuestが公開している、研究者向けのGitHubリポジトリから、Trickbotというマルウェア検体を

[†5] 訳注：cross_validateを使った交差検証では、あくまでも検証を行っている。したがって、ここで明示的にモデルを訓練してやる必要がある。

ダウンロードする。検体はハッシュ値になっているので、保存名を trickbot として
いる。

```
!wget
↪ https://github.com/InQuest/malware-samples/blob/master/2019-02-Trick
↪ bot/374ef83de2b254c4970b830bb93a1dd79955945d24b824a0b35636e14355fe05?
↪ raw=true -O trickbot
```

それでは、まず PuTTY をスキャンしてみよう。PuTTY を開き、ember パッケー
ジの PEFeatureExtractor を使って PuTTY のバイナリから特徴量を抽出する。抽
出した特徴量を StandardScaler を使って標準化し、先に訓練したモデルを使って、
このファイルが正規のものか、マルウェアか検出を試みる。正規ファイルであると推
定すれば「benign file!」と出力し、マルウェアであると推定すれば「malware!」と出
力する。うまくいけば、実行結果は「benign file!」と出力される。

```
import numpy as np

sample_data = open("putty.exe", "rb").read()
extractor = ember.PEFeatureExtractor(2)
sample_data = np.array(
    extractor.feature_vector(sample_data),
    dtype=np.float32
    ).reshape(1,-1)
sample_data = scaler.transform(sample_data)

pred = model.predict_classes(sample_data)

if pred:
    print("malware!")
else:
    print("benign file!")
```

なお、PEFeatureExtractor を使用すると Google Colaboratory がクラッシュし
てしまい、特徴量の抽出がうまくいかないことがある（おそらく lief の最新版をイ
ンストールするとこの現象が発生する）。そのため、あらかじめ別のオンプレミス環
境で取得した特徴量を用意してある。これをダウンロードして試すには次のようにす
る。まずは特徴量をダウンロードする。

```
!wget https://github.com/oreilly-japan/ml-security-jp/raw/master/ch04/putty.npy
```

この特徴量はNumPy独自のバイナリファイルで保存してあるので、これをロードして標準化する。

```python
import numpy as np

sample_data = np.load("putty.npy").reshape(1, -1)
feature_putty = scaler.transform(sample_data)
```

あとは前記と同じで、うまくいけば実行結果は「benign file!」と出力される。

```python
pred = (estimator.predict(feature_putty)> 0.5).astype("int32")
if pred:
    print("malware!")
else:
    print("benign file!")
```

同様の手段を使って、trickbotもスキャンしてみよう。うまくいけば「malware!」と出力される。

```python
import numpy as np

sample_data = open("trickbot", "rb").read()
extractor = ember.PEFeatureExtractor(2)
sample_data = np.array(
    extractor.feature_vector(sample_data),
    dtype=np.float32).reshape(1,-1)
sample_data = scaler.transform(sample_data)

pred = model.predict_classes(sample_data)
if pred:
    print("malware!")
else:
    print("benign file!")
```

こちらも別のオンプレミス環境で取得した特徴量を用意してある。これをダウンロードして試すには次のようにする。まずは特徴量をダウンロードする。

```
!wget https://github.com/oreilly-japan/ml-security-jp/raw/master/ch04/trickbot.npy
```

この特徴量はNumPy独自のバイナリファイルで保存してあるので、これをロードして標準化する。

```
import numpy as np

sample_data = np.load("trickbot.npy").reshape(1, -1)
feature_trickbot = scaler.transform(sample_data)

pred = (estimator.predict(feature_trickbot)> 0.5).astype("int32")
if pred:
    print("malware!")
else:
    print("benign file!")
```

うまくいけば実行結果は「malware!」と出力される。

4.5　畳み込みニューラルネットワークとマルウェアの画像化を使用した分類

前節では、マルウェアを検出するためのニューラルネットワークの実装を紹介した。今度は、別のニューラルネットワークのアーキテクチャをチューニングし、マルウェア解析者や情報セキュリティの専門家が悪意のあるコードを検出して分類するために役立てる方法について学んでいこう。

4.5.1　畳み込みニューラルネットワーク（CNN）

畳み込みニューラルネットワーク（Convolutional Neural Network：CNN）は、画像の分類問題、すなわちコンピュータビジョンの課題と呼ばれるものに取り組むためのディープラーニングによるアプローチである。古典的なコンピュータプログラムは、照明、視点、変形、セグメンテーションなどの多くの理由から、物体を識別するために多くの課題と困難に直面していた。CNNは、目の動作、特に動物の視覚皮質機能アルゴリズムに影響を受けている。CNNでは、幅、高さ、奥行きを特徴とする3次元構造を特徴量としている。画像の場合、高さはすなわち画像の高さ、幅は画像の幅、奥行きはRGBチャンネル（赤緑青の三原色）である。CNNを構築するために

は、大きく分けて次の3種類の層が必要である。

畳み込み層

畳み込み演算とは、入力画像から特徴量を抽出し、フィルター内の値に元の画素値を乗算することである。

プーリング層

プーリング操作は、各特徴マップの次元を削減する。

全結合層

全結合層は、出力層に活性化関数を使用する、古典的な多層パーセプトロンである。

4.5.2 リカレントニューラルネットワーク（RNN）

読者の知識を広げるために、RNNについても念のため言及しておこう。**リカレントニューラルネットワーク**（Recurrent Neural Network：RNN）は、文章などの逐次的な情報を利用することができるニューラルネットワークである。つまり、RNNはシーケンスの要素ごとに同じタスクを実行し、前回の計算結果に応じて出力を行う。RNNは、言語モデリングやテキスト生成（機械翻訳、音声認識など）に広く利用されている。なお、RNNは物事を長時間記憶しない。

ほかの代表的なニューラルネットワークを次に示す。

長・短期記憶（LSTM）

長・短期記憶（Long Short-Term Memory：LSTM）はRNNの一種であり、メモリブロックを構築することで、リカレントニューラルネットワークにおける短期記憶の問題を解決する。

ホップフィールドネットワーク

ホップフィールドネットワークは、1982年にJohn Hopfieldによって開発された。主な目的は、自動連想と最適化である。ホップフィールドネットワークには、離散的なものと連続的なものの2つのカテゴリがある。

ボルツマンマシン

ボルツマンマシンは、リカレント構造を使用しており、ローカルで利用可能な情報のみを使用している。1985年にGeoffrey HintonとTerry Sejnowskiに

よって開発された。ボルツマンマシンの目標は、ソリューションを最適化することだ。

4.6　マルウェア検知とCNN

では、CNNを使ったマルウェア検出器を作ってみよう。マルウェアを画像に変換することで、CNNへの入力が可能になる。マルウェアの可視化は、ここ数年の間に多くの研究トピックのひとつとなっている。提案されている解決策のひとつに、カリフォルニア大学サンタバーバラ校視覚研究所のLakshmanan Natarajらによる「Malware Images: Visualization and Automatic Classification」という研究がある[†6]。

図4-19は、マルウェアを画像に変換する方法の概要である。

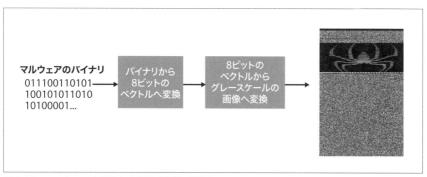

図4-19　マルウェアを画像に変換する方法（概要）

図4-20は、Alueron.gen!J というファミリー名のマルウェアを画像化したものだ。

---

†6　訳注：Nataraj, Lakshmanan & Karthikeyan, Shanmugavadivel & Jacob, Grégoire & Manjunath, B. (2011). Malware Images: Visualization and Automatic Classification. 10.1145/2016904.2016908.

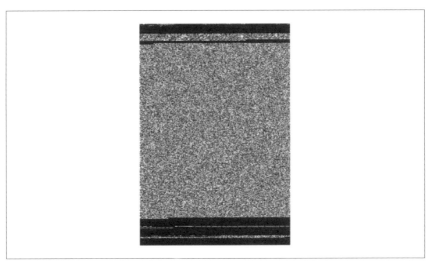

図4-20　画像化された Alueron.gen!J ファミリーの検体

　この手法は、マルウェア内のセクションを詳細に可視化する方法を提供する（**図4-21**）。

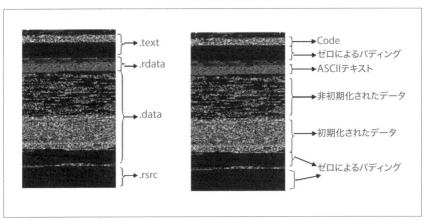

図4-21　画像化されたマルウェアのセクションやコード、データなど

　CNNへの入力に最もよく使われるマルウェアデータセットのひとつに、**Malimg dataset**がある。このデータセットには、25種類のマルウェアファミリーを含む9,339

個のマルウェア検体のデータが含まれている。このデータセットは、次のリンクから
ダウンロードすることができる。

https://www.dropbox.com/s/ep8qjakfwh1rzk4/malimg_dataset.zip?dl=0

このデータセットに含まれるマルウェアは次の25種類のファミリーだ。

- Allaple.L
- Allaple.A
- Yuner.A
- Lolyda.AA 1
- Lolyda.AA 2
- Lolyda.AA 3
- C2Lop.P
- C2Lop.gen!G
- Instant access
- Swizzor.gen!I
- Swizzor.gen!E
- VB.AT
- Fakerean
- Alueron.gen!J
- Malex.gen!J
- Lolyda.AT
- Adialer.C
- Wintrim.BX
- Dialplatform.B
- Dontovo.A
- Obfuscator.AD
- Agent.FYI
- Autorun.K
- Rbot!gen
- Skintrim.N

　マルウェアをグレースケール画像に変換すると、**図4-22**のようなマルウェアの表現を得ることができる。

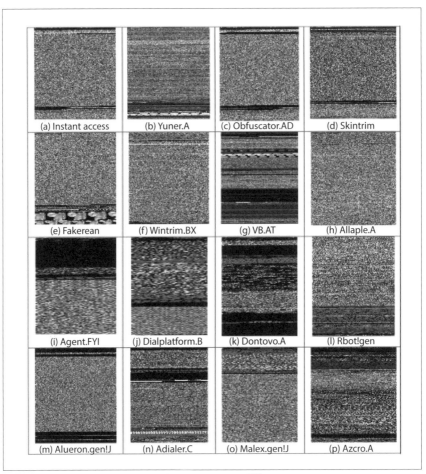

図4-22　グレースケール化されたマルウェアファミリーの画像

　各マルウェアのグレースケール画像への変換は、次の Python スクリプトで行うことができる。

```python
import os
import numpy as np
import imageio
import array

filename = '<Malware_File_Name_Here>'
f = open(filename,'rb')
ln = os.path.getsize(filename)
width = 256
rem = ln%width
a = array.array("B")
a.fromfile(f,ln-rem)
f.close()
g = np.reshape(a,(len(a)//width,width))
g = np.uint8(g)
imageio.imwrite('<Malware_File_Name_Here>.png',g)
```

デモとして、前節でも使用したオープンソースのリモートログオンクライアントの
PuTTYをダウンロードして画像にしてみよう。まずはダウンロードだ。

```
!wget https://the.earth.li/~sgtatham/putty/latest/w32/putty.exe
```

前記のコードを利用してpngファイルに変換してみよう。

```python
import os
import numpy as np
import imageio
import array

filename = 'putty.exe'
f = open(filename,'rb')
ln = os.path.getsize(filename)
width = 256
rem = ln%width
a = array.array("B")
a.fromfile(f,ln-rem)
f.close()
g = np.reshape(a,(len(a)//width,width))
g = np.uint8(g)
imageio.imwrite('putty.png',g)
```

作成した png ファイルを表示してみるとグレースケール画像が確認できる

（**図**4-23）。

```
from IPython.display import Image
Image(filename='putty.png')
```

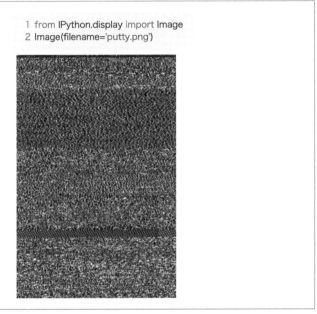

図4-23　PuTTYのグレースケール画像のデモ

　それでは分類器を構築していこう。まずは、Malimg datasetをダウンロードして
展開する。

```
!wget https://www.dropbox.com/s/ep8qjakfwh1rzk4/malimg_dataset.zip?dl=0
↪  -O malimg_dataset.zip
!unzip -q malimg_dataset.zip
```

　このときのデータセット内のディレクトリ構造は**図**4-24のようになっている。

```
!ls -la ./malimg_paper_dataset_imgs
```

```
  1  !ls -la ./malimg_paper_dataset_imgs

total 724
drwxr-xr-x 27 root root   4096 May  4 05:45  .
drwxr-xr-x  1 root root   4096 May  4 02:44  ..
drwxr-xr-x  2 root root  12288 May  4 05:45  Adialer.C
drwxr-xr-x  2 root root  12288 May  4 05:45  Agent.FYI
drwxr-xr-x  2 root root 204800 May  4 05:45  Allaple.A
drwxr-xr-x  2 root root 110592 May  4 05:45  Allaple.L
drwxr-xr-x  2 root root  20480 May  4 05:45 'Alueron.gen!J'
drwxr-xr-x  2 root root  12288 May  4 05:45  Autorun.K
drwxr-xr-x  2 root root  20480 May  4 05:45 'C2LOP.gen!g'
drwxr-xr-x  2 root root  12288 May  4 05:45  C2LOP.P
drwxr-xr-x  2 root root  16384 May  4 05:45  Dialplatform.B
drwxr-xr-x  2 root root  12288 May  4 05:45  Dontovo.A
drwxr-xr-x  2 root root  28672 May  4 05:45  Fakerean
drwxr-xr-x  2 root root  32768 May  4 05:45  Instantaccess
drwxr-xr-x  2 root root  20480 May  4 05:45  Lolyda.AA1
drwxr-xr-x  2 root root  16384 May  4 05:45  Lolyda.AA2
drwxr-xr-x  2 root root  12288 May  4 05:45  Lolyda.AA3
drwxr-xr-x  2 root root  12288 May  4 05:45  Lolyda.AT
drwxr-xr-x  2 root root  12288 May  4 05:45 'Malex.gen!J'
-rw-r--r--  1 root root    354 Oct 17 2013  malimg_dataset_readme.txt
drwxr-xr-x  2 root root  12288 May  4 05:45  Obfuscator.AD
drwxr-xr-x  2 root root  12288 May  4 05:45 'Rbot!gen'
drwxr-xr-x  2 root root   4096 May  4 05:45  Skintrim.N
drwxr-xr-x  2 root root  12288 May  4 05:45 'Swizzor.gen!E'
drwxr-xr-x  2 root root  12288 May  4 05:45 'Swizzor.gen!I'
drwxr-xr-x  2 root root  28672 May  4 05:45  VB.AT
drwxr-xr-x  2 root root  12288 May  4 05:45  Wintrim.BX
drwxr-xr-x  2 root root  65536 May  4 05:45  Yuner.A
```

図4-24 Malimg dataset のディレクトリ構造

　関連パッケージをロードする。今回は画像を 32×32 の次元に圧縮し、特徴量にする。このため変数 dimen に 32 を指定している。さらに、展開したデータセットのディレクトリ内のサブディレクトリ一覧を取得する。

```
import numpy as np
import os
from keras.utils.np_utils import to_categorical
from PIL import Image
from sklearn.model_selection import train_test_split
```

```
dimen = 32
dir_path = "./malimg_paper_dataset_imgs/"
sub_dir_list = [name for name in os.listdir(dir_path) \
                if os.path.isdir(os.path.join(dir_path, name))]
```

配列 images と配列 labels にそれぞれ特徴量とラベルを設定していく。ラベルは
Malimg dataset に含まれるマルウェアのファミリー数が25種になるので、0から24
までの値をとる。

このコードでは、データセットのサブディレクトリ配下からマルウェアの画像を読
み込み、グレースケールに変換したうえで、32 × 32 の大きさに画像を縮小させる。
そのうえで、画像をNumPy行列に変換して特徴量にしていく。

```
images = list()
labels = list()

for i in range(len(sub_dir_list)):
    label = i
    image_names = os.listdir(dir_path + sub_dir_list[i])
    for image_path in image_names:
        path = dir_path + sub_dir_list[i] + "/" + image_path
        image = Image.open(path).convert('L')
        resize_image = image.resize((dimen, dimen))
        array = list()
        for x in range(dimen):
            sub_array = list()
            for y in range(dimen):
                sub_array.append(resize_image.load()[x, y])
            array.append(sub_array)
        image_data = np.array(array)
        image = np.array(np.reshape(image_data, (dimen, dimen, 1))) / 255
        images.append(image)
        labels.append(label)
```

特徴量をXに、ラベルをyに代入する。ラベルを代入する際には keras.utils.
to_categorical を使用し、整数値をone-hotエンコーディングを行って2値クラス
の行列へ変換する。train_test_split を使用して特徴量とラベルを訓練用とテス
ト用に分割する。テスト用のデータは全体の20%に指定する。

```
X = np.array(images)
y = np.array(to_categorical(np.array(labels), num_classes=len(sub_dir_list)))

X_train, X_test, y_train, y_test = train_test_split(X, y, test_size=0.2)
```

2次元畳み込み層を使用したニューラルネットワークを構築する。Conv2Dを使用すると、2次元畳み込み層を追加することができる。同様にMaxPooling2Dを使うことでプーリング層を追加できる。今回のモデルでは、Flatten()を使用して1次元に変換し、全結合層に入力を行い、そして最終的に25種に分類する。そして前項同様、損失関数にはbinary_crossentropy、オプティマイザにはAdamを指定し、訓練とテストを監視するための指標に正解率を指定して、モデルのコンパイルを行う。

```
from keras.models import Sequential
from keras.layers import Dense, Dropout, Flatten, Conv2D, MaxPooling2D

input_shape = (32, 32, 1)
model = Sequential()
model.add(Conv2D(16, (3, 3),activation='relu',input_shape=input_shape))
model.add(MaxPooling2D(pool_size=(2, 2)))
model.add(Conv2D(32, (3, 3),activation='relu'))
model.add(MaxPooling2D(pool_size=(2, 2)))
model.add(Flatten())
model.add(Dense(128, activation='relu'))
model.add(Dropout(0.5))
model.add(Dense(25, activation='softmax'))

model.compile(loss='categorical_crossentropy',optimizer='adam',metrics=['accuracy'])
```

訓練を行う。

```
history = model.fit(X_train, y_train, validation_split=0.1, batch_size=32, epochs=10)
```

テストデータを使用して、モデルを評価しよう。

```
score = model.evaluate(X_test, y_test, verbose=0)
print('The accuracy of the test is: {:.3f} %'.format(score[1]*100))
```

次の図のような結果が確認できるはずだ（**図4-25**）。

```
1 score = model.evaluate(X_test, y_test, verbose=0)
2 print('The accuracy of the test is: {:.3f} %'.format(score[1]*100))

The accuracy of the test is: 95.021 %
```

図4-25　CNNを使用したマルウェア検出の結果

4.7　ディープラーニングをマルウェア検出に適用する手法への期待と課題

　既知のマルウェアと未知のマルウェアの両方を検出するために、機械学習の専門家やマルウェア解析者によって、さまざまなディープラーニングのアーキテクチャが提案されている。これまでに提案されたアーキテクチャには、制限付きボルツマンマシンやハイブリッド手法などがある。マルウェアのような悪意のあるソフトウェアを検出するための新しいアプローチは、多くの有望な結果を示している。しかし、9章で詳述する検出器の回避といった課題もすでに浮き彫りになっている。このため、さらなる検知能力の向上に向けた技術的開発余地がまだまだ残る分野だと考えられる。

4.8　まとめ

　マルウェアは、現代のあらゆる組織にとって悪夢のひとつだ。攻撃者やサイバー犯罪者は、標的を攻撃するための新たな悪意のあるソフトウェアを常に開発している。セキュリティベンダーは、マルウェアによる攻撃から身を守るべく最善を尽くしているが、残念ながら、毎月数千万ものマルウェアが発見されている現状では、それを達成することは困難だ。そのため新しいアプローチが必要とされているが、これはまさに本章と前章で取り上げた内容そのものである。私たちは、さまざまな機械学習アルゴリズムを使い、さらにディープラーニングの力を使ってマルウェア検出器を構築する方法を学習した。次の章では、こうした検出器を作る源泉となる、データセットを作る方法について紹介する。

4.9 練習問題

4-1 API呼び出しを特徴量にしたマルウェア検出

ここでは趣向を変えて、単純に問題を解いていただくのではなく、読者の皆さんにさらに別のマルウェア検知手法を紹介することにしょう。API呼び出しを見ることは、マルウェア解析において大きな役割を果たすことになりうる。そうすることで、悪意のあるファイルの仕組みを理解する手助けをしてくれる情報を得られるのだ。現在、安全な環境でマルウェアを解析する機能を提供している、多くのオンラインツールが存在する。これらのユーティリティや環境はサンドボックスと呼ばれる。一般にマルウェア検体とその解析レポートは、検体のハッシュ値（MD5、SHA1、SHA256）によって識別できる。オンラインで利用可能で、かつ無償で使えるサンドボックスの一覧は、SANSの講師Lenny Zeltserの「Free Automated Malware Analysis Sandboxes and Services」というエントリ[†7]を参照するとよいだろう。

サンドボックスの多くは、WebのフォームやAPIなどを通じてマルウェア検体を受け取ると、仮想環境内でその検体を実行させる。そのうえで、感染動作を記録し、レポートとして出力して、不正な動作をしていると思わしいものを強調して表示してくれる。

一例を示そう。**図4-26**は、エストニアCERTの運用しているCuckoo Sandboxで解析された、ある特定の検体[†8]の結果のレポートだ。Cuckoo Sandbox（https://cuckoosandbox.org/）はオープンソースのマルウェア自動解析システムである。要約レポート（summary）には、解析結果として必要最低限の情報量だけが記載されており、この検体の不審さを示す値がスコアとして示されている。

[†7] 訳注：Free Automated Malware Analysis Sandboxes and Services（https://zeltser.com/automated-malware-analysis/）

[†8] 訳注：当該検体のVirusTotalの情報
https://www.virustotal.com/gui/file/23f1c805f299ca88092a786100a9cde2813e45068ffe857a1ff45d28ad47ee14/detection

図4-26　Cuckoo Sandbox の解析結果

　レポートをさらに詳細に見ると、具体的にどのような通信をし、どのようなファイルを作成・削除・追加したか、あるいはどのようなレジストリを作成・削除・追加したか、といった感染動作を確認できる（**図4-27**）。こうした解析結果を得ることによって、たとえば企業などの組織内のCSIRTであれば、感染事案の封じ込めのために、ファイアウォールなどを使ってこの検体の通信先を遮断し、被害拡大を防止することが可能となる。あるいは、作成するファイルの有無を確認することで、被害にあったPCなどを特定し、被害の全容把握と、復旧のための手順などを案出する手助けとなる。

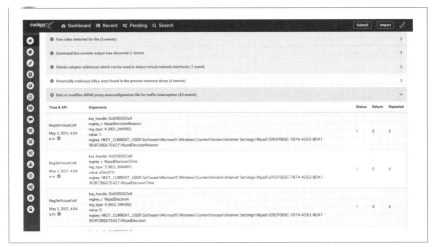

図4-27　Cuckoo Sandbox の解析結果のレジストリ変更の不審箇所

　こうしたサンドボックスにおける、マルウェア検体の感染動作によるファイルや
レジストリの変更は、Windows API の呼び出し履歴などを確認することによって検
出できる。なお、Windows 上で動作するアプリケーションにとって、Windows API
は Windows の各機能を利用するためのインタフェースである。これを利用すること
で、アプリケーションはファイルシステムへのアクセスや通信、GUI の描画などを実
現する。マルウェアもこうしたアプリケーションと同様のプログラムなので、その感
染動作を実現するには、Windows API の利用は避けては通れない道なのだ。そのた
め、サンドボックスは、フックなどによって Windows API の呼び出し状況を監視し、
主要な感染動作を記録してレポート化することを実装している。**図4-28** に Cuckoo
Sandbox で記録されたマルウェアの Windows API の呼び出し履歴の例を示す。

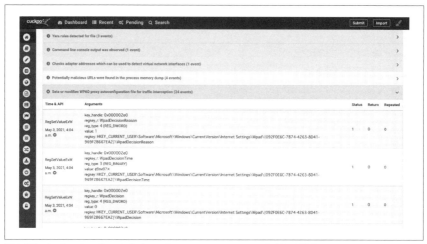

図4-28　Cuckoo Sandbox によるマルウェアの Windows API 呼び出し履歴

　このように、オープンソースのサンドボックスなどのツールの利用により、マルウェアの Windows API の呼び出し履歴が取得できるという環境整備が進んだことは、研究者らにあるアイデアをもたらした[†9]。それは、API の呼び出し履歴から特徴量を作り出し、機械学習アルゴリズムに訓練させることだ。

4-2　データセットの入手

　では、この API 呼び出しを特徴量にしたマルウェア検出にチャレンジしてみよう。そのために必要なものは、そうデータセットだ。たとえば日本国内であれば、かつて株式会社 FFRI セキュリティが 2013 年から 2017 年まで、情報処理学会コンピュータセキュリティ研究会マルウェア対策人材育成ワークショップ（MWS）向けに、研究者向けに API の動的解析結果ログをデータセットを作成していた[†10]。大学や企業などの研究機関に所属する研究者であれば、こうした研究会などが配布しているデータセットを入手できる可能性もあるだろう。

　今回は一般向けなので、公開されているデータセットを使用する。Mal-API-2019

---

†9　訳注：Ahmed, Faraz, et al.　Using spatio-temporal information in API calls with machine learning algorithms for malware detection.　Proceedings of the 2nd ACM Workshop on Security and Artificial Intelligence. 2009.

†10　訳注：FFRI データセットの紹介
　　https://www.iwsec.org/mws/2017/20170606/FFRI_Dataset_2017.pdf

データセットは、Catak ら[†11]が発表した論文で使用されているデータセットである。GitHub の公開リポジトリ[†12]を通じてダウンロードできる。

　このデータセットには、複数種からなる、総数7,107個のマルウェアが含まれている。このデータセットは Cuckoo Sandbox を使用することでマルウェアの Windows API 呼び出しのシーケンスを取得し、VirusTotal を使用してマルウェアの分類を行っている。

　それではいつものようにデータセットをダウンロードして解凍しよう。`mal-api-2019.zip` が API 呼び出しのシーケンスであり、`labels.csv` がラベルである。

```
!wget https://raw.githubusercontent.com/ocatak/malware_api_class/master/mal-api-2019.zip
!wget https://raw.githubusercontent.com/ocatak/malware_api_class/master/labels.csv
!unzip -q mal-api-2019.zip
```

　データセットの API 呼び出しのシーケンスはどのようなものか、その中身を見てみよう。

```
!head ./all_analysis_data.txt
```

```
   1 !head ./all_analysis_data.txt

ldrloaddll ldrgetprocedureaddress ldrloaddll ldrgetprocedureaddress ldrgetprocedureaddress ldrgetprocedureaddress ldrgetprocedureaddress ldrgetprocedur
getsystemtimeasfiletime ntallocatevirtualmemory ntfreevirtualmemory ntallocatevirtualmemory ldrgetdllhandle ldrgetprocedureaddress ldrgetprocedureadd
ldrgetdllhandle ldrgetprocedureaddress getsystemdirectorya copyfilea regopenkeyexa regsetvalueexa regclosekey regcreatekeyexa regclosekey ntcreatefile
ldrloaddll ldrgetprocedureaddress ldrloaddll ldrgetprocedureaddress ldrgetprocedureaddress ldrgetprocedureaddress ldrgetprocedureaddress ldrgetprocedur
ldrloaddll ldrgetprocedureaddress ldrgetprocedureaddress ldrgetprocedureaddress ldrgetprocedureaddress ldrgetprocedureaddress ldrgetprocedureaddress
ntprotectvirtualmemory ntprotectvirtualmemory ntprotectvirtualmemory ldrloaddll ldrloaddll ldrloaddll ldrloaddll ldrloaddll ntprotectvirtua
ldrloaddll ldrgetprocedureaddress ldrgetprocedureaddress ldrgetprocedureaddress ldrgetdllhandle ldrgetprocedureaddress ldrgetprc
messageboxtimeouta ldrgetdllhandle ldrgetprocedureaddress ldrgetprocedureaddress ldrgetdllhandle ldrgetprocedureaddress ldrgetprocedureaddress ldrget
ldrgetdllhandle ldrgetprocedureaddress ldrgetprocedureaddress ntallocatevirtualmemory ntallocatevirtualmemory ntfreevirtualmemory ntallocatevirtualmem
ldrloaddll ldrgetprocedureaddress ldrgetprocedureaddress ldrgetprocedureaddress ldrgetprocedureaddress ldrgetprocedureaddress ldrgetprocedureaddress
```

図4-29　Mal-API-2019 データセットの内容

　各行に、すべて小文字だがマルウェアが実行された際の Windows API が時系列に並んでいることが確認できるだろう。次に、この情報を行列にコピーする。

---

†11　訳注：Catak, Ferhat Ozgur, et al. Deep learning based Sequential model for malware analysis using Windows exe API Calls. PeerJ Computer Science 6 (2020): e285.
†12　訳注：https://github.com/ocatak/malware_api_class/

```python
import pandas as pd

with open("all_analysis_data.txt") as f:
    content = f.readlines()

# 改行文字の削除
content = [x.strip() for x in content]

# 行列dataのfeature列にAPIの情報を設定
data = pd.DataFrame()
data['feature'] = content
```

4-3　LSTMによる検出

　今回はLSTMを使った検出にチャレンジしてみよう。LSTMとは長・短期記憶 （Long Short-Term Memory）と呼ばれるものであり、リカレントニューラルネット ワーク（Recurrent Neural Network：RNN）の一種である。RNNの利点は文章など 連続的な情報を利用できる点であり、LSTMはより長大で連続的な情報を扱うことに 長けている。今回、データセットに記録されている検体のWindows API呼び出しを 連続的な情報として扱い、それが特定のマルウェアに一致するかどうかを予想するモ デルを作成する。まずは、そのための前処理としてトークン化とシーケンス番号への 変換を行う。

　トークン化とは、文章を単語や文字単位に分割することであり、今回は呼び出され たAPI名称ごとに分割している。また、シーケンス番号への変換とは、単語を機械学 習で扱いやすい数値に変換することである。今回はAPI名称を番号に変換している。 なお、トークン化する対象のAPIの総数は最大800個とする。また、データセットに 記録されているAPI呼び出しの回数は検体ごとに異なるため、最大100回でそれぞ れの大きさを統一する。同時に、100回よりも多くAPIが記録されている場合は後方 101回目以降をカットしている。こうした最大値は、計算量の低減のために設定して いるが、リソースが潤沢に得られるのであれば、より大きくすることで性能に寄与す ることがあるかもしれない。

　さて、コードは次のようになる。

```
from keras.preprocessing.text import Tokenizer
from keras.preprocessing import sequence

max_words = 800
max_len = 100

X = data['feature']

tokenizer = Tokenizer(num_words=max_words)
tokenizer.fit_on_texts(X)

# API名をシーケンス番号に変換
X = tokenizer.texts_to_sequences(X)

# 記録されているAPI呼び出しの総数は検体ごとに異なるため、
# 最大100回で大きさを統一する
# また、truncating='post'を指定して、100回よりも多くAPIが記録されている場合は
# 後方101回目以降をカットする
X = sequence.pad_sequences(X, maxlen=max_len, truncating='post')
```

　実際にシーケンス番号に変換された、対応付けの辞書型配列を見てみよう。なお今回はKerasのpreprocessingパッケージに含まれるTokenizerとsequenceを使って、トークン化とシーケンス番号への変換を実現している。

```
print(tokenizer.word_index)
```

```
1 print(tokenizer.word_index)
{'getasynckeystate': 1, 'ntdelayexecution': 2, 'ntclose': 3, 'process32nextw': 4, 'ntreadfile': 5, 'findfirstfileexw': 6, 'ntallocatevirtualmemory': 7, 'ntcreatefile': 8,
```

図4-30　シーケンス番号とAPI名称との対応状況

　この例のように、それぞれのAPI、たとえばGetAsyncKeyStateは1に、NtDelayExecutionは2に、NtCloseは3に、といった具合に対応付けがなされていることが確認できるだろう。そしてこのシーケンス番号への変換によって、たとえばデータセットにあったオリジナルのAPI呼び出しの記録（**図4-31**）は、**図4-32**のような行列に変換されている。この例では、LdrLoadDllが40に、LdrGetProcedureAddressが18に変換され、それぞれが繰り返し呼び出されている様子が確認できるだろう。こうすることで、LSTMを使用して訓練できるようになる。

```
1 data["feature"][0]
```

'ldrloaddll ldrgetprocedureaddress ldrloaddll ldrgetprocedureaddress ldrgetprocedureaddress ldrgetprocedureaddress ldrgetprocedureaddress ldrgetprocedureaddress ldrgetprocedureaddress ldrgetproced ureaddress ldrgetprocedureaddress ldrgetprocedureaddress ldrgetprocedureaddress ldrgetprocedureaddress ldrgetprocedureaddress ldrgetprocedureaddress ldrgetprocedureaddre ss ldrgetprocedureaddress ldrgetprocedureaddress ldrgetprocedureaddress ldrgetprocedureaddress ldrgetprocedureaddress ldrgetprocedureaddress ldrget procedureaddress ldrgetprocedureaddress ldrgetprocedureaddress ldrgetprocedureaddress ldrgetprocedureaddress ldrgetprocedureaddress ldrgetprocedureaddress ldrgetprocedur eaddress ldrgetprocedureaddress ldrgetprocedureaddress ldrgetprocedureaddress ldrgetprocedureaddress ldrgetprocedureaddress ldrgetprocedureaddress ldrgetprocedureaddress ldrgetprocedureaddress ldrgetprocedureaddress ldrgetproced...'

図4-31　オリジナルのデータセット（部分）の例

```
1 X[0]

array([40, 18, 40, 18, 18, 18, 18, 18, 18, 18, 18, 18, 18, 18, 18, 18, 18,
       18, 18, 18, 18, 18, 18, 18, 18, 18, 18, 18, 18, 18, 18, 18, 18, 18,
       18, 18, 18, 18, 18, 18, 18, 18, 18, 18, 18, 18, 40, 18, 18, 18, 18,
       40, 18, 18, 18, 18, 18, 18, 18, 18, 18, 18, 18, 18, 18, 18, 18, 18,
       18, 18, 18, 18, 18, 18, 18, 18, 18, 18, 18, 18, 18, 18, 18, 18, 18,
       18, 18, 18, 18, 18, 18, 18, 18, 18, 18, 18, 18, 18, 18, 18, 18],
      dtype=int32)
```

図4-32　データセットのAPI呼び出しをシーケンス番号に変換した行列の例

次は教師あり学習をさせるための正解ラベルの設定だ。

```
from sklearn.preprocessing import LabelEncoder
from keras.utils import np_utils

with open("labels.csv") as f:
    label_data = f.readlines()

# 改行文字の削除
label_data = [x.strip() for x in label_data]

data["labels"] = label_data
```

データセットのラベルデータがどのようなものであるか、確認しよう。次のように seabornを使用してヒストグラムで可視化してみよう。

```
import matplotlib.pyplot as plt
import seaborn as sns

plt.figure(figsize=(20, 10))
sns.countplot(data["labels"])
```

図4-33のように、Trojan、Backdoor、Downloader、……といった8種のラベルが

設定されていることがわかる。

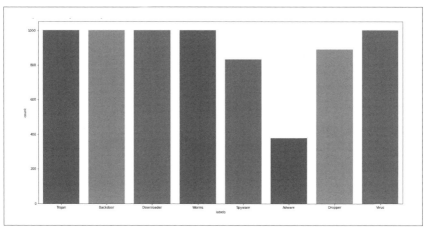

図4-33　データセットの分類ラベルの内訳

　今回は「Virus」とラベリングされているものだけを検出するような検出器を作ってみよう。次のコードを入力して実行し、「Virus」とラベリングされた行に1を、そうでない場合には0を設定する。

```
# マルウェアの種類として"Virus"というラベルが設定されているものを検出対象に
y = data["labels"].apply(lambda x: 1 if x == "Virus" else 0)
```

　いつものようにデータセットを訓練用とテスト用に分割する。

```
from sklearn.model_selection import train_test_split

X_train, X_test, y_train, y_test = train_test_split(X, y, test_size=0.15)
```

　LSTMを使ったモデルを準備する。ここでは関数malware_modelを定義し、次のようなシンプルなニューラルネットワークのモデルを作成する。

1. Embedding（埋め込み）層
　この最初の層は、整数でエンコードされた単語ベクトルを受け取り、各単語のイ

ンデックスに対する分散表現を算出する。ただし、今回は単語ではなくAPI名称が使用されている。分散表現とは、単語を低次元の実数値ベクトルで表す表現である。たとえば、別の表現としてone-hot表現があり、これはある要素のみが1でその他の要素が0であるような表現方法だが、この方法では単語の並び・順序を維持できず、また単語間の類似度などを表現できない。このため、自然言語処理でRNNを使用し、時系列をもとにした予測などを行う際には分散表現を使用することが一般的である。今回はAPIのトークン配列を入力し、それぞれの分散表現を算出させて次の層に渡す。

2. **LSTM（長・短期記憶）層**

前層からの出力である分散表現を受け取り、それをもとに訓練を行う。

3. **出力層**

予測値を出力する。

```python
from keras.models import Sequential
from keras.layers import Dense, Embedding, LSTM
from keras.callbacks import EarlyStopping
from keras.layers import Dropout

def malware_model():
    model = Sequential()
    model.add(Embedding(max_words, 300, input_length=max_len))
    model.add(LSTM(32, return_sequences=True))
    model.add(Dense(1, activation='sigmoid'))
    return model
```

モデルを有効化して訓練を行う。

```python
model = malware_model()
print(model.summary())
model.compile(
    loss='binary_crossentropy',
    optimizer='adam',metrics=['accuracy']
    )

history = model.fit(
    X_train,
    y_train,
    batch_size=64,
    epochs=10,
```

```
validation_data=(X_test, y_test),
verbose=1
)
```

結果は**図4-34**のように90%前後の正解率を示してくれる。

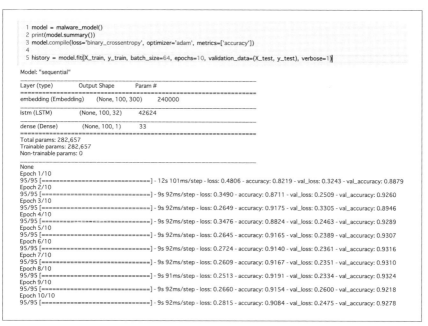

```
1 model = malware_model()
2 print(model.summary())
3 model.compile(loss='binary_crossentropy', optimizer='adam', metrics=['accuracy'])
4
5 history = model.fit(X_train, y_train, batch_size=64, epochs=10, validation_data=(X_test, y_test), verbose=1)
```

```
Model: "sequential"

Layer (type)            Output Shape          Param #
=================================================================
embedding (Embedding)   (None, 100, 300)      240000

lstm (LSTM)             (None, 100, 32)       42624

dense (Dense)           (None, 100, 1)        33
=================================================================
Total params: 282,657
Trainable params: 282,657
Non-trainable params: 0

None
Epoch 1/10
95/95 [==============================] - 12s 101ms/step - loss: 0.4806 - accuracy: 0.8219 - val_loss: 0.3243 - val_accuracy: 0.8879
Epoch 2/10
95/95 [==============================] - 9s 92ms/step - loss: 0.3490 - accuracy: 0.8711 - val_loss: 0.2509 - val_accuracy: 0.9260
Epoch 3/10
95/95 [==============================] - 9s 92ms/step - loss: 0.2649 - accuracy: 0.9175 - val_loss: 0.3305 - val_accuracy: 0.8946
Epoch 4/10
95/95 [==============================] - 9s 92ms/step - loss: 0.3476 - accuracy: 0.8824 - val_loss: 0.2463 - val_accuracy: 0.9289
Epoch 5/10
95/95 [==============================] - 9s 92ms/step - loss: 0.2645 - accuracy: 0.9165 - val_loss: 0.2389 - val_accuracy: 0.9307
Epoch 6/10
95/95 [==============================] - 9s 92ms/step - loss: 0.2724 - accuracy: 0.9140 - val_loss: 0.2361 - val_accuracy: 0.9316
Epoch 7/10
95/95 [==============================] - 9s 92ms/step - loss: 0.2609 - accuracy: 0.9167 - val_loss: 0.2351 - val_accuracy: 0.9310
Epoch 8/10
95/95 [==============================] - 9s 91ms/step - loss: 0.2513 - accuracy: 0.9191 - val_loss: 0.2334 - val_accuracy: 0.9324
Epoch 9/10
95/95 [==============================] - 9s 92ms/step - loss: 0.2660 - accuracy: 0.9154 - val_loss: 0.2600 - val_accuracy: 0.9218
Epoch 10/10
95/95 [==============================] - 9s 92ms/step - loss: 0.2815 - accuracy: 0.9084 - val_loss: 0.2475 - val_accuracy: 0.9278
```

図4-34　LSTMを使用した分類器の性能

4-4　ハイパーパラメータチューニング

　それでは、いつものようにoptunaを使ってハイパーパラメータをチューニングしよう。訓練のための損失関数には`binary_crossentropy`を指定し、オプティマイザにはAdamを指定している。EMBERデータセットを使った検出器の開発と同様に、Adamオプティマイザのハイパーパラメータをoptunaを使用してチューニングしていこう。

```python
from keras.backend import clear_session
from keras.models import Sequential
from keras.layers import Dense, Activation, Dropout, LSTM
from tensorflow.keras.optimizers import Adam
import optuna


class Objective:
    def __init__(self, X, y):
        self.X = X
        self.y = y

    def __call__(self, trial):
        # セッションのクリア
        clear_session()

        # モデルの作成と、パラメータ探索の設定
        model = Sequential()
        model.add(Embedding(max_words, 300, input_length=max_len))
        model.add(LSTM(32, return_sequences=True))
        model.add(Dense(1, activation='sigmoid'))

        optimizer = Adam(
            learning_rate=trial.suggest_loguniform("learning_rate", 1e-5, 1e-1),
            beta_1=trial.suggest_uniform("beta_1", 0.0, 1.0),
            beta_2=trial.suggest_uniform("beta_2", 0.0, 1.0)
            )
        model.compile(
            loss='binary_crossentropy',
            optimizer=optimizer,
            metrics=['accuracy']
            )
        model.fit(
            self.X,
            self.y,
            batch_size=256,
            epochs=10,
            validation_data=(X_test, y_test)
            )

        return model.evaluate(X_test, y_test, verbose=0)[1]

objective = Objective(X_train, y_train)
study = optuna.create_study()
study.optimize(objective, timeout=1200)
print('params:', study.best_params)
```

チューニングができたら、得られたハイパーパラメータを使って検証してみよう。

```python
from keras.wrappers.scikit_learn import KerasClassifier
from sklearn.model_selection import cross_val_score

def buildmodel():
    model = Sequential()
    model.add(Embedding(max_words, 300, input_length=max_len))
    model.add(LSTM(32, return_sequences=True))
    model.add(Dense(1, activation='sigmoid'))
    # ベストのパラメータを設定
    optimizer = Adam(
        learning_rate = study.best_params['learning_rate'],
        beta_1 = study.best_params['beta_1'],
        beta_2 = study.best_params['beta_2']
    )
    model.compile(
        loss='binary_crossentropy',
        optimizer=optimizer,
        metrics=['accuracy']
        )
    return model

clf = KerasClassifier(
    buildmodel,
    epochs=10,
    batch_size=256,
    verbose=1
    )
```

交差検証を行い、正解率の平均値をとる。

```python
results = cross_val_score(clf, X, y, cv=5)

print('Test accuracy: ', results.mean())
```

結果は**図4-35**のように86%前後の正解率を示してくれる。

```
[ ]    1 print('Test accuracy: ', results.mean())

Test accuracy: 0.8591264605522155
```

図4-35　交差検証を行った分類器の性能

5章
データセットの作成

新井 悠

　本章は日本語版オリジナルの記事である。これまで既存のデータセットを使用することで、さまざまな情報セキュリティ領域に役立つ分類器などを開発する手法について紹介してきた。一方で、ある仮説を立証するためにデータセットが必要な場合は、その仮説に応じたデータセットを1から作り上げる必要がある。ほかにも、企業の中にだけに存在するデータを機械学習を使用して解決したり、その組織固有の問題を解決するならば、そうしたデータをデータセットに仕立て上げなくてはならない。そこで、本章ではデータセットの作成方法について紹介していく。本章で紹介する内容は次のとおりである。

- サイバー脅威インテリジェンスとその自動化
- Twitterのスクレイピング
- PigeonXTを使ったラベリング

5.1　サイバー脅威インテリジェンスとは

　サイバー脅威インテリジェンス（Cyber Threat Intelligence）とは、一般にサイバー空間における有害事象を緩和する目的のために役立つ、脅威自体、あるいは**脅威行為者**（Attribution）に関する情報を指す。今般、こうしたサイバー脅威インテリジェンスをサービスとして提供している組織や企業が存在している。企業などはこれらのサイバー脅威インテリジェンスサービスを購入することで情報を入手し、情報セキュリティ対策に役立てられるようになっている。それらの情報の、より具体的な内

容はたとえば次のようなものだ。

- 脆弱性に関する情報。CVSS（Common Vulnerability Scoring System）や脆弱性の悪用を可能にする PoC（Proof-of-Concept）コードを含むツール
- IoC（Indicators of Compromise）情報。特定の攻撃者の使用していた IPアドレスやマルウェアのファイル名・ハッシュ値、通信先 URL など
- キャンペーンと呼ばれる、特定の業種や企業などを狙った攻撃の手口や傾向についてのレポート
- ダークウェブ上の匿名マーケットや、表層 Web の特定の掲示板サイト（フォーラム）で違法物品を売買しているサイバー犯罪者に関連した情報

　企業はこうした情報を受け取り、たとえばそれが脆弱性情報であれば、その情報をもとに社内の関係部署に対して注意喚起を発出するといった対応が可能だ。IoC であればそれらを SIEM などのルールに組み込むことで、自組織に情報セキュリティ対策を施したり、関連した攻撃がなかったかどうかを確認したりすることができる。あるいは受け取ったものがレポートであったならば、そうした攻撃の傾向などをもとに、次年度に実施するセキュリティ対策の背景としてそれを使用し、経営会議などで説明する際に役立てることもできるだろう。ほかにも、法執行機関であれば、サイバー犯罪者に関する情報を自らの捜査活動に有効に活用できるといったこともあるだろう。
　サイバー脅威インテリジェンスの領域では、一般にアナリストやリサーチャーといった肩書で呼ばれる人々が、PoC コードの開発、フォレンジックやマルウェア検体の収集・解析などを通じて、こうした情報を作成している。ここでひとつの仮定として、こうした専門家たちの知識をドメイン知識とすることで、特徴量を作り出して機械学習アルゴリズムに学習させ、自動的にサイバー脅威インテリジェンス情報を収集できる可能性があるとする。その場合、どのようなデータセットを開発すれば、より高い正解率でサイバー脅威インテリジェンス情報を作成できるだろうか。次に、その具体例について解説していこう。

5.2　Twitterを通じた脆弱性情報データセットの作成

　前述のサイバー脅威インテリジェンス情報の中には、脆弱性に関する情報があると紹介した。こうした情報は、リサーチャーによる分析を通じた有償レポートもあれば、一般にソフトウェアベンダーなどが自らの製品に関する脆弱性情報を提供して

いることもある。さらには、情報セキュリティ会社が自らそうした脆弱性情報を提供している場合もあり、それらは無償でインターネット上に公開されている。そして、SNSではそうした情報を引用しながら個人や組織のアカウントが脆弱性について言及していることがよくある。したがって、SNSにおける脆弱性情報の流通をうまく活用すれば、データセットに仕立て上げられるのではないだろうか。

このようなSNSにおける情報流通の側面について仮説を立てて、検証を行ってきた先行研究がいくつかある。たとえば、Motoyamaら[†1]は、Twitterを通じてGmailやYouTubeなどの主要なオンラインサービスの障害を検出する手法を提案し、試験を行って結果を評価している。そして、Sabottkeら[†2]はまさにTwitterで流通している脆弱性情報を解析して、早期警戒情報として脆弱性の悪用についての徴候を把握する重要性について研究を行っている。

こうした先行事例の存在から、Twitterで流通している脆弱性情報を解析することについては十分に意義があると考えられる。そこで、本章ではTwitterのスクレイピングを行い、脆弱性に関連した情報と、関連しない情報のラベリングを行ってデータセットを作るための手順を紹介する。

5.2.1　開発者アカウントの登録

Twitterのスクレイピングを行うためには、Twitterの提供するAPIを使用した方法がある。Python用のパッケージも存在しており、効率よくスクレイピングを行える環境が用意されている。そしてこのTwitter APIを使用するためにはTwitter開発者アカウントの登録が必要となる。Twitter開発者アカウントの主な登録手順は次のとおりだ（本稿執筆時点）。

1. https://developer.twitter.com/ にアクセスして既存のTwitterアカウントでログオンする
2. 開発者アカウントの申請を行い、携帯電話番号と自分のアカウントを紐付ける
3. 所属組織やAPIの使用目的を記入し、利用規約に同意する
4. Twitter社からTwitter APIの使用用途についての確認メールを受信することがあるので、適切に回答して返信する

---

†1　Motoyama, Marti et al. Measuring Online Service Availability Using Twitter. WOSN (2010).

†2　Carl Sabottke, Octavian Suciu, and Tudor Dumitraş. 2015. Vulnerability disclosure in the age of social media: exploiting twitter for predicting real-world exploits, In Proceedings of the 24th USENIX Conference on Security Symposium.

5. APIの利用が承認されたあと、上記のサイトに再アクセスし、アプリを作成して
   APIを使用するための認証情報（Consumer API Keysを2種類、アクセストーク
   ンを2種類）を入手する

　現時点における手順は前記のとおりだが、Twitterがインターネットサービスであ
る性質上、この手順が永遠に同じであるとは限らない。念のため、現段階でのより詳
しいAPIへのアクセス方法は巻末の参考文献に示しておくが、APIへのアクセス方法
については、読者自身が検索するなどして必ず確認されることをおすすめする。

5.2.2　Twitterのスクレイピング

　Twitter API にアクセスするための認証情報が入手できたら、次のコードを
実行してスクレイピングの準備を行おう。consumer_key、consumer_secret、
access_token、access_token_secretには、読者が開発者アカウントの登録とア
プリの作成を行った際に得られた値をそれぞれ代入してほしい。今回はTwitterをス
クレイピングするための tweepy というパッケージを使用している。また、本書の
執筆時点において、検索回数は15分あたり180回までに制限されている[3]。このた
め、tweepyのパラメータwait_on_rate_limitを有効化し、この上限を上回って
しまった場合には、必要な時間分待機するように設定している。

```python
import tweepy
import json
import numpy as np
import pandas as pd

# APIを使用するための認証情報
consumer_key="YOUR CONSUMER KEY"
consumer_secret="YOUR CONSUMER KEY SECRET"
access_token="YOUR ACCESS TOKEN"
access_token_secret="YOUR ACCESS TOKEN SECRET"

# TweepyによるTwitter APIを使用するための認証のセットアップ
auth = tweepy.OAuthHandler(consumer_key, consumer_secret)
auth.set_access_token(access_token, access_token_secret)

# パラメータwait_on_rate_limitを有効化して、APIの問い合わせ回数の上限に達した場合は必要時間だけ待機
api = tweepy.API(
```

---

[3]　https://developer.twitter.com/en/docs/twitter-api/v1/rate-limits

```
auth,
parser=tweepy.parsers.JSONParser(),
wait_on_rate_limit=True,
wait_on_rate_limit_notify=True
)
```

　準備ができたら、次のコードを実行してスクレイピングを実施しよう。今回、検索
対象のキーワードには「exploit」と「http」を使用し、リツイートは除外している。
これは脆弱性の攻撃コードがexploitと呼ばれていることと、攻撃コードへのリンク
が含まれることを期待しているからだ。また、できるだけ重複せずに一次情報を集め
たい、という目的のためにリツイートは除外している。さらに同様の理由で、引用
リツイートも除外している。なお、検索時のパラメータにmax_idを指定しているの
は、指定したidよりも古いツイートを検索するためだ。これを検索するたびにより古
いものに置き換えていくことで、時間をさかのぼって検索できるようにする。そして
最後に収集した件数を出力している。

```
# 検索ワードとして exploit http を使用し、リツイートは除外
search_term = "exploit http -filter:retweets"

# 一番古いツイートidを保存するための変数
oldest_tweet = None

# 回収したツイートの一覧を格納するためのリスト
TempDict = []

# 回収したツイート数のカウンター
counter = 0

# 10回ループし、合計1000件のツイートを対象にする
for x in range(10):

    # 最新のツイートから100件を抽出し、テキストをすべて収集する
    public_tweets = api.search(search_term,
                               count=100,
                               result_type="recent",
                               tweet_mode="extended",
                               max_id=oldest_tweet)

    # 条件に一致するツイートの収集
    for tweet in public_tweets["statuses"]:
        # 引用リツイートも除外
```

```
        if not 'quoted_status' in tweet:
            TempDict.append(tweet)

            # カウンターに1を追加
            counter += 1

            # 検索結果の一番古いツイートidを代入し、次の検索結果はこの一番古いid
            # より古いものだけを対象にする
            oldest_tweet = tweet["id"]

print("Tweet {}件を収集しました".format(counter))
```

収集したデータを行列に変換しよう。ここではTweetText列に収集したツイート
の本文テキストを入力している。

```
data = pd.DataFrame(
    data=[tweet['full_text'] for tweet in TempDict],
    columns=['TweetText']
    )
```

どんなURLが収集できているかを確認するには、正規表現のreパッケージを使用
して、URL部分だけを抽出し、URL列として追加してみるとよい。

```
import re
URLPATTERN = r'(https?://\S+)'

data['URL'] = data["TweetText"].str.extract(URLPATTERN, expand=False).str.strip()
```

結果を見てみよう。

```
data.head(20)
```

結果は**図5-1**のようになる。

```
1 data.head(20)
```

	TweetText	URL
0	The Resident District Commissioner of Kalangal...	https://t.co/Oniadh1lnF
1	@omthanvi Cooking up stories.who says them htt...	https://t.co/Gka7idrxwu
2	Another Andre's stable coin in town. Make sure...	https://t.co/kcZ10ess2S
3	No need to deprive yourself , I understand it'...	https://t.co/qFsi8spTqD
4	It's possible to have much more capacity, an e...	https://t.co/jVs9qiyOlM
5	🐌 I am 39. I learned to read at 20 years old. ...	https://t.co/bdifbhAlq6
6	Go In This Might – (Podcast): The Lord has giv...	https://t.co/ep9zYB8uMD
7	@amychua @davidfrum "Worsening social division...	https://t.co/RE6lraNQOU
8	@lw_populist @depistemology @AgnesCallard Acad...	https://t.co/Wpizrecpkm
9	CVE-2021-3002 https://t.co/EJi4JE6nw3	https://t.co/EJi4JE6nw3
10	CDC eviction moratorium interpreted by some co...	https://t.co/T6VG8U9EEC
11	Sploit – Binary Analysis and Exploitation with...	https://t.co/DkzGUzi0Vm
12	How Sadist, 'Penis Envy' [rd: Sexology] ICC-...	https://t.co/uvUqy7deeB

図5-1　行列にTwitterのスクレイピング結果のツイート本文と抽出したURLを設定

5.2.3　ラベリング

　前項で収集したTwitterのツイートを行列にすることができた。この行列にラベル
を加えることによって教師ありデータにし、機械学習アルゴリズムを訓練することに
よって脆弱性に関連する情報を自動的に分類する分類器を開発したい。そのために
は、**ドメイン知識**を使って、そのツイートが脆弱性に関連するものであるか、そうで
ないかを判定してラベリング[†4]を実施する必要がある。ドメイン知識とは、特定の分
野の専門家にとってはごくごく普通の知識や経験であるが、その分野において機械学
習を使用するうえで重要な特徴量を作り出すための鍵となるものだ。3章でも、パッ
カーに関するドメイン知識が、機械学習によるマルウェア検出に役立っていることを
紹介した。しかし、これまで開発してきた分類器などでは、すでに存在しているデー
タセットを使用してきた。今回は、ラベリングを自ら実施して、オリジナルのデータ
セットを作ってみよう。

[†4]　ラベリングを「アノテーション」と呼ぶこともある。

現在案出されているラベリングの手法は次のとおりだ。

1. RAWデータを確認して自らラベリングを行う
2. ツールを使ってRAWデータからある程度整形したデータを読み取り、ボタン押下などを行ってラベリングを行う
3. ラベリングをアウトソーシングする

1.の手法は行列をCSVやExcelデータにエクスポートし、それを目視で確認するなどして手作業でラベリングをしていく方法だ。2.は1.の効率をより向上させ、データを1件ずつ表示させるなどして、判定をボタン押下などで行っていく方法だ。3.はデータの判断基準などを指定・開示し、アウトソース（外注）するという方法だ。今回は2.の方法を採用し、読者が自らデータセットを作ることを想定する。

5.2.4　PigeonXT

PigeonXTはAnastasis Germanidisによって作成されたオリジナルのPigeonを拡張したものである。PigeonXTはDennis Bakhuisによって開発されており、Jupyter Notebookのインタフェースを通じて、ラベリングのなされていないデータを効率的にデータセットにできるパッケージである。

PigeonXTは現在、次のラベリング作業をサポートしている。

- バイナリ/マルチクラス分類
- マルチラベル分類
- 回帰問題
- 画像のキャプション

また、Jupyter Notebook上で表示できるものは何でも（テキスト、画像、音声、グラフなど）、適切な`display_fn`引数を与えれば表示でき、ラベリングをより効率化させてくれるという特徴がある。今回はこのPigeonXTを使用し、スクレイピングで収集したデータのラベリングを行ってみよう。まずはPigeonXTパッケージのインストールだ。

```
!pip install pigeonXT-jupyter
```

準備ができたらPigeonXTの出力を変更するために、pandasの表示設定を変更する。これはツイート本文を確認できるように必要な作業だ。

```
# pandasの列幅を300に設定してツイート本文を確認できるよう設定を変更
pd.set_option("display.max_colwidth", 300)
```

これで用意ができたので、次のコードを実行してラベリングを開始する。

```
from pigeonXT import annotate

# 1行ずつツイート本文の内容とURLを表示
annotations = annotate(
    data.index,
    options=['Exploit', 'NOT Exploit'],
    display_fn=lambda idx : display(
        data.loc[idx,['TweetText']],
        data.loc[idx,['URL']]
        )
    )
```

結果は**図5-2**のようになる。今回はボタンに［Exploit］と［NOT Exploit］の2種類を用意し、脆弱性に関連する情報であった場合には［Exploit］ボタンを、そうでなかった場合には［NOT Exploit］ボタンを押下することを想定している。また関数annotateの第一パラメータに行列dataのインデックス番号を渡し、パラメータdisplay_fnにはこの第一パラメータのインデックス番号を値として使い、同行列のTweetText列とURL列をラベリングのヒントとして表示するように指定している。

```
1  from pigeonXT import annotate
2
3  # 一行ずつツイート本文の内容とURLを表示
4  annotations = annotate(data.index, options=['Exploit', 'NOT Exploit'], display_fn=lambda idx : display(data.loc[idx,['TweetText']],data.loc[idx,['URL']]))

0 of 447 Examples annotated, Current Position: 1

    Exploit        NOT Exploit            skip

TweetText   The Resident District Commissioner of Kalangala District(RDC) Mr.Daniel Kikoola urged residents of Kalangala Region not to spend so much time in politics
Name: 0, dtype: object
URL   https://t.co/Oniadh1InF
Name: 0, dtype: object
```

図5-2　PigeonXTによるラベリングの例

このようにすると、ラベリングの担当者は、ツイートの内容とリンク先を確認し、脆弱性に関連する情報であった場合には［Exploit］ボタンを、そうでなかった場合には［NOT Exploit］ボタンを押下していくことでデータセットを作成できる。

ラベリングを終えたら、ラベリング結果はJSON形式で保存されているので、機械学習アルゴリズムを訓練できるよう、行列に変換させよう。さらには、インデックス列だけではデータセットに使用できないので、ツイート本文とURLの列をスクレイピング結果の行列からコピーして追加しよう。

```
# ラベル付けしたデータセットはJSONなので、行列に変換
dataset = pd.DataFrame(annotations.items(), columns=['index', 'label'])

# ツイート本文とURLの列をスクレイピング結果の行列からコピー
dataset['TweetText'] = data['TweetText']
dataset['URL'] = data['URL']
```

```
1 dataset
```

	index	label	TweetText	URL
0	0	NOT Exploit	OL : L'exploit face à Man City élu match de l'année ! - https://t.co/lh2fyz2b9j https://t.co/JPbXdxYUVl #OL #TeamOL #Gones	https://t.co/lh2fyz2b9j
1	1	NOT Exploit	Republican efforts to undermine Biden victory expose growing anti-democratic streak https://t.co/h8r9kOXBuY CONGRESS HAVE TO PASS LAWS THAT WILL REQUIRE PROOF OF CHARGES AND A HARSH PENALTY FOR THOSE THAT WISH TO EXPLOIT THIS SITUATION AGAIN, IF THEY LOSE FOR PROTECTION!!	https://t.co/h8r9kOXBuY
2	2	NOT Exploit	The scattershot efforts to overturn President-elect Joe Biden's election victory are coalescing into a movement led by top Republicans determined to exploit a manufactured crisis for broader political gains.\n \n https://t.co/BubYeURzb2	https://t.co/BubYeURzb2
3	3	NOT Exploit	@MSNBC Only goes to show, how #DonaldTrump will ever continue to exploit his personal assessment of the #RepublicanParty @GOP; nuff said!\n\nhttps://t.co/PwzukzW05L	https://t.co/PwzukzW05L

図5-3 本書のサンプルコードを使って作成したデータセットの例

なお、データセットをCSVファイルとして保存したいならば、次のようにすればよい。

```
dataset.to_csv('dataset.csv', index=False)
```

5.3 まとめ

本章では、自分たちで新たに課題設定をし、機械学習を使用して解決する、あるいは特定の組織固有の問題をデータを使って解決するために、データセットに仕立て上げる方法について紹介してきた。本章で解説したデータセットを実際に機械学習アルゴリズムに学習させるには、2章で紹介した`TfidfVectorizer`を使ってツイート本

文をベクトル化するといった処理が必要になるだろう。そうしたデータセットを最終的にどのように使えばよいか、といった課題についても、ぜひ読者の皆さんはチャレンジしてみるとよいだろう。

　また、さらに汎化性能の高い分類器などを開発するには、データセットを充実させる必要性がある可能性もある。そのために、今回紹介した方法ではツイートの本文とURLをデータセットに組み込んだが、さらにTwitterのフォロワー数などの値を特徴量としてデータセットに組み込むなどの、追加の工夫も可能だろう。そうした目的に合わせたデータセットの工夫や充実、あるいは継続的に高い正解率を維持していくためのデータセットの運用管理なども重要となる可能性があるだろう。

5.4　練習問題

5-1　データセットをより充実したものにするため、Twitterの検索結果から、ツイートしたユーザーのフォロワー数も取得し、スクレイピング結果の行列に追加しなさい。

5-2　Twitterの検索結果から、ツイートしたユーザーの「いいね！」された数も取得し、スクレイピング結果の行列に追加しなさい。

5-3　Twitterの検索結果から、ツイートしたユーザーが認証済みアカウントであるか、そうでないかの情報を取得し、スクレイピング結果の行列に追加しなさい。

6章
異常検知

新井 悠

　本章は日本語版オリジナルの記事である。本章は原著の「Chapter 6: Machine Learning in Anomaly Detection Systems（侵入検知システムにおける機械学習）」の主旨はそのままに増補・改訂を施したものであり、情報セキュリティ領域における異常検知の手法について解説を行う。本章では次のトピックについて取り扱う。

- Windowsイベントログの概要
- 時系列分析による異常値検出
- Prophet、msticpyを使ったそれぞれの実装

6.1　異常検知技術の概要

　「異常」とは、普通ではないもの、予期しないデータのパターンのことである。データマイニングにおいて異常はよく使われる単語であり、「異常値」とも呼ばれる。異常検知技術とは、不正を検知したり悪意ある行動を発見したりするための技術である。ネットワークにおいて、異常はさまざまな理由で発生するが、本書で重要なのは悪意ある活動による異常である。一般的に、異常は次の3種類に分けられる。

点異常
　　個々のインスタンスが、他のデータと比較すると異常である。

文脈異常

特定の文脈（時間帯や地域など）において異常である。

集合的異常

個々のインスタンスは異常ではないが、集合として現れると異常である。

これらの異常は入手可能なデータをもとに検知できる。本章では、点異常について時系列解析を行って検出する方法について解説する。

6.2　SIEMとUEBA

SIEMとはSecurity Information and Event Managementの略称である。一般に、SIEMはセキュリティ対策機器などからログを収集して一元管理し、相関分析などをすることによって企業などが脅威を早期に発見する製品やソリューションを指している。近年では、SIEMに加えて**UEBA**（User and Entity Behavior Analytics）と呼ばれる製品やソリューションが生まれている。これはセキュリティ対策機器に加えて、PCなどのエンドポイントのログを追加で収集することで、さらに詳細な単位での分析を行い、一般的なセキュリティ対策製品では検出しづらい内部犯行のような脅威の検出をも目的としている。そしてこうしたSIEMやUEBAの異常検出アルゴリズムに採用されている手法のひとつが、機械学習である。本章では、ログのデータセットに時系列解析を行うことで、異常検知を行う。Windowsのログデータを取り扱うため、まずはイベントログの説明をしていく。ただし、異常検知に必要な部分のみを取り上げるので、フォレンジック調査の技能習得に必要なWindowsイベントログの詳細な解説などについては他誌を参照してほしい。

6.3　Windowsログの基礎

Windowsにおけるイベントとは、利用者への通知を必要とする、システムまたはプログラムで発生した事象、またはログに追加されるエントリのことである。そしてイベントは、Windowsイベントロギングサービスによって収集され、保存される。イベントログサービスは、さまざまなイベントの発生源から、イベントをイベントログと呼ばれるデータに保存する。イベントログは、利用者の行動やリソースの使用状況を追跡するだけでなく、システムや問題点を明らかにすることに役立つ履歴情報を

提供してくれる。ただし、実際にイベントログに何が記録されるかは、関係するアプリケーションやシステムの設定に大きく依存することには注意が必要である。たとえば、イベントログのデフォルトのサイズでは20MBが上限となっており、これを超えた場合、過去の履歴は上書きされていってしまうのだ。イベントログが存在する場合、ローカルとネットワークの両方の証跡を提供してくれるため、たとえばフォレンジック調査には大きな貢献をしてくれる。

6.3.1　イベントの構成要素と種類

各イベントとして記録されるエントリの構成要素は次のとおりであり、標準化されている。

- 何が起こったか（イベントID、イベントカテゴリ、詳細）
- いつ起こったか（日付と時刻）
- 発生したイベントに関連するユーザーは誰か（アカウント名称）
- どのシステムで発生したか（ホスト名やIPアドレス）
- どのリソースで発生したか（ファイルパスやドライバ名、プリンタ名など）

まず、イベントIDやイベントカテゴリは、ある特定の事象に関連するイベントを素早く見つけるために有用である。後述するが、イベントIDとして示される個々の番号には意味があり、このID番号を指定するだけで特定の事象のみを抽出する、といった処理を行うことができる。さらにイベントの詳細では、その事象の詳細な情報を確認できる。また、日付と時刻が含まれており、いつ発生したかを確認できる。ただし、この日付と時刻はシステムに設定されたものを使用するので、時刻ずれなどの問題が発生することがある。さらには、発生したイベントに関連するユーザーアカウントの情報、システムのホスト名やIPアドレス、ファイルやドライバなどのリソース名称をイベントログは含んでいる。

次に、イベントログにはいくつかの種類が存在している。Windowsのサーバー系OSの先がけであるWindows NTの時代から、セキュリティ、システム、アプリケーションの3つの主要なログを提供しており、今もそれは続いている。現在販売されているWindowsでは、この3つにCustomを加えた4種類のイベントログを提供している。**表6-1**に、それぞれの役割を示す。

表6-1 イベントログの種類と役割

名称	役割
セキュリティ	アクセス制御などに関連するログ。もしくは、監査やグループポリシーの設定に応じて生成されるログ。代表的なものはシステムへのログオンやログオフのログ
システム	Windowsのサービスといったシステムコンポーネントに関連したログ。代表的なものはサービスの停止やシステムの再起動のログ
アプリケーション	一般的なアプリケーションのログ
カスタム	拡張されたログ。代表的なものはPowerShellの実行ログやリモートデスクトップの接続記録、タスクスケジューラの実行結果ログなど

　あらゆるイベントログはフォレンジック調査のような脅威の発見手段に役立つ可能性がある。中でも、セキュリティイベントログで確認できる内容はとりわけ重要であると一般に考えられる。なぜならば、セキュリティイベントログでは、ユーザー認証の結果、すなわち対面型のログオン、runasコマンドの実行、あるいはリモートデスクトップ経由のログインといった手段を通じて認証を行った結果が確認できる。そのため、侵入の手口であったり、侵入後にどのようなことを行ったのかを推察する大きなヒントとなるからだ。実際のイベントログの例を**図6-1**に示す。

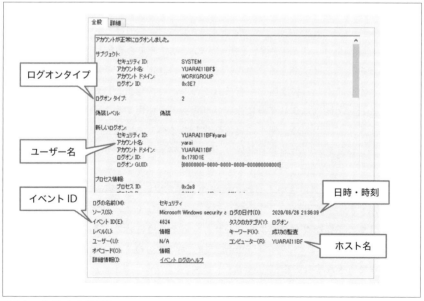

図6-1 イベントログの例

　この例では、ログオンが発生した際のイベントログを示している。［ログの日付
（D）］にホストの時刻情報をもとにした日時・時刻があり、［コンピューター（R）］で
ホスト名が確認できる。イベントIDは4624であり、これはログオンの成功を示して
いる。イベントIDは特定の事象を示す事前に予約済みの番号である。なお、ほかの
イベントIDをざっと眺めてみたい場合は、Ultimate Windows Securityのイベント
ID百科事典のページ[†1]が有用だ。このほか、アカウント名の箇所にはログオンの際
に使用したユーザー名が確認できる。そしてログオンタイプは、ログオンの種類を示
している。Windowsへのログオン方法は、リモートデスクトップやSMB接続など、
さまざまなものが存在するためだ。今回のログオンタイプ「2」はコンソール経由のロ
グオンであり、いわば物理的にキーボードを使ってログオンしたということになる。
　ログオンタイプについて、主だったもの（すべてではない）を**表6-2**に示す。ログ
オンタイプは、ログオン手段を確認することができるため、不審な事象が発生した
PCを調査する際に侵入経路を確認する目的で有用である。

表6-2　主なログオンタイプ

ログオンタイプ	説明
2	コンソール経由のログオン
3	SMBファイル共有プロトコルによるネットワーク経由のログオン
5	Windowsサービスのログオン
9	runasコマンドによるユーザー切り替えに伴うログオン
10	リモートからの対話的ログオン（RDP）

6.3.2　イベントの発生傾向と辞書攻撃との相関性

　異常検知を考えるうえで、ひとつの仮説として、イベントの発生傾向が何らかのサ
イバー攻撃の脅威と相関があるとする。この仮説を考えるうえで、実際のインシデ
ント対応での事例を考えてみよう。たとえば、あるWindowsサーバーに対し、パス
ワードの推測をしてログインを試みる辞書攻撃を受け、侵入を許してしまったとす
る。その場合、当該のサーバーのセキュリティイベントログにはログオンに関する情
報が大量に出力されているはずだ。Windowsのログオン・ログオフに関連したイベ
ントは**表6-3**のようなイベントIDで記録される。

---

†1　「Windows Security Log Encyclopedia」
　　https://www.ultimatewindowssecurity.com/securitylog/encyclopedia/

表6-3　Windowsのログオン・ログオフに関連したイベント

イベントID	発生した事象
4626	ログオン成功
4625	ログオン失敗
4634 / 4647	ログオフ成功
4672	特権アカウント（Administrator）によるログオン

　ツールなどを通じたパスワードの辞書攻撃を受けたとすると、短期間にさまざまなパスワードの入力試行が行われ、その結果、多くのログオン失敗が生じることになる。したがって、イベントID4625のログオン失敗がセキュリティイベントログに大量に記録されるはずだ。すなわち、イベントログが短期間に増加する、という傾向が出る。これは、ある事象について何らかの数値的な傾向があるということなので、機械学習が適用できるかもしれない、という可能性を示していることは、もう読者の皆さんもお気づきだろう。それでは次に、こうしたイベントログを時系列データとして扱い、異常検知のための時系列分析を行っていく。

6.4　時系列分析による異常値検出

　時間の経過に沿って観測・記録されたデータは時系列データと呼ばれる。そして、この時系列データを使用して過去の傾向を分析し、未来の予測に利活用することは時系列分析と呼ばれている。たとえば、過去の月別、年度別の売上高データが蓄積できているのであれば、特定の商品の製造量を調整するために、その時系列データを使用して需給の予測をすることは、利益の最大化といったビジネスの観点において大変有用であると考えられる。したがってこうした時系列データは、中長期的な増加・減少、あるいは季節性などの周期的な傾向を見出し、原型となる時系列データと組み合わせて未来を推定するために重要なものである。

　一般に、時系列データに現れる傾向の基本的な形としては、次のような変動要因が考えられる。

傾向変動（Trend）
　　　上昇や下降を伴う中長期的な変動のことは傾向変動（トレンド）と呼ばれる。たとえば景気循環における回復と後退のような大きな変動はこれにあたる。

循環変動（Cycle）

一般に、経済分野において12ヵ月を超える循環で、ほぼ一定の周期を持つ変動は循環変動（サイクル）と呼ばれる。ただし、循環変動の幅は中長期と短期の両方の変動を含む場合もあり、傾向変動との違いを明確に示せない場合も多くあるため、両者を含む形で「トレンド・サイクル」と呼称することがよく見られる。

季節変動（Seasonal）

時系列データの中で、季節ごとに同じ強さで繰り返される1年周期の変動は季節変動と呼ばれる。四半期や月単位でも、同じ強さの周期的な変動が見られるのであれば季節変動に含まれることになる。たとえば夏・冬のボーナス期、クリスマスや正月などに関連する物品の消費の増加は季節変動の一例といえる。一方で、こうした季節要因は時系列データの傾向を見るうえで異常値となり、全体の傾向を見るためには、場合によっては差し引いて考える必要がある場合も存在する。このように時系列データから季節変動による影響を取り除くことは、季節調整と呼ばれる。

不規則変動（Irregular、あるいはノイズとも呼ばれる）

前記の3つの変動では説明のつかない、不規則な変動は不規則変動と呼ばれる。事件・事故による突発的な変動がこれにあたる。よって地震や台風などの自然災害発生後の経済的な変動や特定の商品の急激な需要の増加は、不規則変動として現れる可能性がある。

ここで時を戻して、情報セキュリティの世界に戻ろう。たとえばイベントログのような時系列データに傾向や周期的な変動があると仮定する。そうした周期性があるという仮説をもとに変動が予測できるのであれば、日々のログの集積状況はその予測の範囲にとどまる可能性がある。逆に、その予測の範囲にとどまらないログの傾向が出てきた場合には、それは異常値となる。よって、この予測を立てて、そこから外れた場合を異常値とし、不正な事象が発生した可能性を検出できる手段として、時系列分析を適用することについて検討してみよう。

6.4.1　データセットと前処理

前記の時系列分析をセキュリティ領域に適用するにあたり、読者の皆さんがより簡単に試すには、もはやよくおわかりのとおりデータセットが必要だ。そこで、

Microsoft の Senior Program Manager（本稿執筆時点）の Ashwin Patil が公開して
いる GitHub リポジトリに threat-hunting-with-notebooks というものがある。このリ
ポジトリでは、KQL を使用して Azure Monitor へイベントログを収集し、収集した
ログの可視化や分析などを Jupyter Notebook ファイルを通じてチュートリアルで紹
介している。このリポジトリに時系列データのサンプルデータセットがあるので、今
回はこれを利活用する。なお、本書で同データセットを使用する承認を Ashwin Patil
より得ている。

まずはデータセットのダウンロードだ。

```
!wget https://raw.githubusercontent.com/oreilly-japan/ml-security-jp/
↪    master/ch06/HostLogons-demo.csv
```

pandas パッケージを使ってデータセットをロードしよう。Date という列に日付
が入っているので datetime 型を適用する。

```
import pandas as pd
# Date列にdatetime型を適用する
df = pd.read_csv('HostLogons-demo.csv', parse_dates=["Date"], infer_datetime_format=True)
```

データセットの中身をざっと見てみよう（**図6-2**）。

```
df
```

```
1 df
```

	Date	EventId	AccountNtdomain	ComputerName	logontype	TotalLogons
0	2018-01-03	Microsoft-Windows-Security-Auditing:4624	LABDOMAIN.LOCAL	WIN-DC01	10	2
1	2018-01-03	Microsoft-Windows-Security-Auditing:4624	LABDOMAIN.LOCAL	WIN-DC01	3	106
2	2018-01-03	Microsoft-Windows-Security-Auditing:4624	LABDOMAIN.LOCAL	WIN-DC01	4	68
3	2018-01-04	Microsoft-Windows-Security-Auditing:4624	LABDOMAIN.LOCAL	WIN-DC01	3	53
4	2018-01-04	Microsoft-Windows-Security-Auditing:4624	LABDOMAIN.LOCAL	WIN-DC01	4	89
...	...	...	...	...	...	...
343	2018-04-29	Microsoft-Windows-Security-Auditing:4624	LABDOMAIN.LOCAL	WIN-DC01	7	4
344	2018-04-30	Microsoft-Windows-Security-Auditing:4624	LABDOMAIN.LOCAL	WIN-DC01	10	1
345	2018-04-30	Microsoft-Windows-Security-Auditing:4624	LABDOMAIN.LOCAL	WIN-DC01	3	578
346	2018-04-30	Microsoft-Windows-Security-Auditing:4624	LABDOMAIN.LOCAL	WIN-DC01	4	53
347	2018-04-30	Microsoft-Windows-Security-Auditing:4624	LABDOMAIN.LOCAL	WIN-DC01	7	7

348 rows × 6 columns

図6-2　イベントログの時系列データの概観

確認すると、これはドメインコントローラなどに残る、特定のホスト（WIN-DC01）からのログオンのログである。日付に加えて、先に解説したイベントログのイベントIDと、Windowsドメイン名、コンピュータ名、ログオンタイプ、およびそれぞれの総数が確認できるだろう。もちろんログオンタイプごとに細かく集計し、特徴量にしていく方法もあるが、ここではイベントログの総数に意味があると仮定して、データを前処理して加工していくことにしよう。

```
# Date列とComputerName列が同一の行のTotalLogons列をすべて加算して
# 新たな行列にコピー
df_LogonSum = df.groupby(['Date','ComputerName'])['TotalLogons'].sum().reset_index()

# Date列とTotalLogons列のみを選択する
df_LogonSum = df_LogonSum[['Date','TotalLogons']]
df_LogonSum
```

集計を行った、新しい時系列データは**図6-3**のようになる。

		Date	TotalLogons
⤷	0	2018-01-03	176
	1	2018-01-04	142
	2	2018-01-05	85
	3	2018-01-06	147
	4	2018-01-07	142
	...	...	...
	113	2018-04-26	180
	114	2018-04-27	98
	115	2018-04-28	106
	116	2018-04-29	322
	117	2018-04-30	639

118 rows × 2 columns

図6-3　前処理後の時系列データの概観

　これを原系列として、時系列分析を試してみよう。まずは原系列データを時系列の折れ線グラフで表示してみよう。

```python
import matplotlib.pyplot as plt
import matplotlib.dates as mdates

fig = plt.figure(figsize=(15, 7))
ax = fig.add_subplot(1, 1, 1)
# 原系列データの描画
ax.plot(df_LogonSum['Date'],df_LogonSum['TotalLogons'], label="original")

# X軸ラベルの調整
daysFmt = mdates.DateFormatter('%Y-%m-%d')
ax.xaxis.set_major_formatter(daysFmt)
fig.autofmt_xdate()

plt.grid(True)

plt.show()
```

次のような折れ線グラフが表示されるだろう（**図6-4**）。

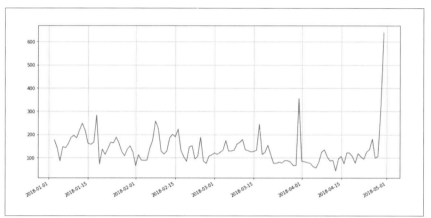

図6-4　イベントログの原系列データの時系列折れ線グラフ

　次に、移動平均をとってグラフに表示してみよう。移動平均とは、時系列データにおいて、ある一定区間ごとの平均値を、1日ずつ区間をずらしながら求めたものである。移動平均を使用する理由は、株価や気温のように時間単位で細かく変化するデータを眺めるとき、変動が細かすぎて全体の傾向をつかみにくい場合があるためだ。そのようなときに移動平均を使用すると、変化をより滑らかにしてデータを俯瞰することができる。例として、3区間移動平均の例を**図6-5**に示す。

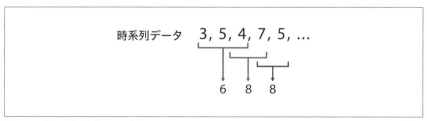

図6-5　（3区間）移動平均の例

　一方で、たとえば、企業などでは繁忙日や残業の自粛日などが存在しており、それらがログオン回数に影響を与える可能性がある。あるいは休日はそもそもネットワークトラフィックがかなり少なくなる可能性がある。したがって、企業などではログオ

ン回数は曜日によって偏りが出てくる可能性がある。このため、今回は1週間を念頭において、7区間移動平均をとってみよう。

```python
import matplotlib.pyplot as plt
import matplotlib.dates as mdates

fig = plt.figure(figsize=(15, 7))
ax = fig.add_subplot(1, 1, 1)
# 原系列データの描画
ax.plot(
    df_LogonSum['Date'],
    df_LogonSum['TotalLogons'],
    label="original"
    )
# 7区間移動平均
ax.plot(
    df_LogonSum['Date'],
    df_LogonSum['TotalLogons'].rolling(7).mean(),
    label="rolling",
    ls="dashed"
    )
plt.title('Daily TotalLogons')

# X軸ラベルの調整
daysFmt = mdates.DateFormatter('%Y-%m-%d')
ax.xaxis.set_major_formatter(daysFmt)
fig.autofmt_xdate()

plt.grid(True)

plt.show()
```

このコードを実行すると、次のような折れ線グラフが表示されるだろう（**図6-6**）。

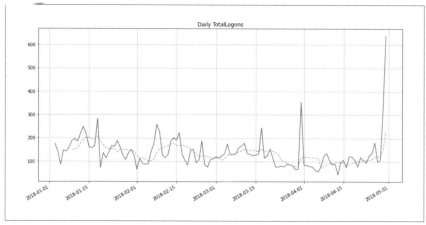

図6-6　7区間移動平均を加えた折れ線グラフ

このように7日間で移動平均をとってみると、移動平均で200を超えるログオン数は少ないことが把握できる。また、月末から月初にかけてログオン数は減少していき、月中にかけては増えていく傾向にあるように思われる。

6.4.2　時系列データの分解

さらに原系列データの分析を進めるために、時系列データを分解してみよう。先に説明したとおり、時系列データは傾向変動（T）、循環変動（C）、季節変動（S）、不規則変動（I）からなる複雑な組み合わせであると考えられる。原系列の動きを決定するこれら4つの要因の組み合わせには、次の2つのモデルがある。

（1）**加法モデル**

4つの変動要因の単純な和で原系列は合成される。

原系列 $= T + C + S + I$

（2）**乗法モデル**

4つの変動要因を比率的に解釈して、それらの積で原系列は合成される。

原系列 $= T \times C \times S \times I$

今回扱うデータセットが組織などで使用されるドメインコントローラであるとすれば、先に述べたとおり繁忙日や残業の自粛日などが存在し、それらがログオン回数に

影響を与える可能性がある。あるいは休日はそもそも職場などに人がいないため、ロ
グオン回数がかなり少なくなる可能性がある。そのような場合、ログオン回数がたと
えば90%減といった急激な低下が見られる可能性がある。そこで今回は、**乗法モデル**
（multiplicative）を使用し、データをトレンド・サイクルと季節変動、不規則変動の
3つに分解してみよう。今回は statsmodels パッケージの seasonal_decompose
を使用して、トレンド・サイクル、季節変動、不規則変動の3つに分解し、原系列と
ともにそれぞれをグラフに表示させている。その際、パラメータ freq には周期を設
定でき、今回は日時データということで1週間（7日）を設定している。

```python
import matplotlib.pyplot as plt
from statsmodels.tsa.seasonal import seasonal_decompose

# モデルにmultiplicativeを指定し、乗法モデルを使用する
result = seasonal_decompose(
    df_LogonSum['TotalLogons'],
    model='multiplicative',
    freq=7
    )

fig, axes = plt.subplots(nrows=4, ncols=1, figsize=(15, 7), sharex=True)
plt.subplots_adjust(hspace=0.5)

# 原系列
axes[0].set_title('Observed')
axes[0].plot(result.observed)

# 傾向変動
axes[1].set_title('Trend')
axes[1].plot(result.trend)

# 季節変動
axes[2].set_title('Seasonal')
axes[2].plot(result.seasonal)

# 不規則変動
axes[3].set_title('Residual')
axes[3].plot(result.resid)

# グラフの表示
plt.show()
```

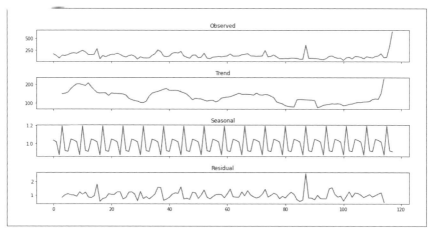

図6-7　seasonal_decompose を使用した変動要素の抽出

トレンド要素だけを抽出して可視化し、もう少し調べてみよう。

```
trend = result.trend
trend = pd.DataFrame({'trend': trend, 'date':df_LogonSum.Date})
trend['date'] = pd.to_datetime(trend['date'], format='%Y-%m-%d')
trend = trend.set_index(['date'])
trend = trend.plot()
```

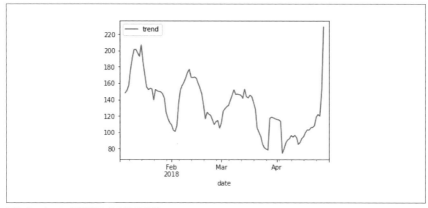

図6-8　トレンド要素のみの抽出結果

　これによると、やはり1月から3月は月末から月初にかけてログオン量が減少する一方で、月中にはログオン量が増えていくという周期性があるように思える。また、4月上旬までは明らかに下降トレンドであったのに、その後上昇を示し、急激にログオン数が増加していることがわかる。このような周期性をもとにした、異常値の検出についてより詳細に検討してみよう。

6.4.3　Prophetによる異常検知

　2017年にFacebookによって開発・公開されたProphetは、加法モデルに基づいて時系列データをもとに予測を実現するためのライブラリである。Prophetでは、非線形の傾向を年・週・日単位の周期性や変動点に当てはめることが可能だ。また、Prophetはscikit-learnの関数呼び出し方法を踏襲しており、馴染み深いfitメソッドを呼び出すことで訓練させ、predictメソッドを呼び出すことで予測ができる。そして何より、ProphetはGoogle Colaboratoryにはデフォルトでインストール済みであり、容易にモデルを作り出せるので、今回はこれを採用する。

　それではProphetを使って時系列データから異常値を検出してみよう。そのためにProphetをインポートし、オリジナルのデータからモデルを訓練させ、異常値検出を行って可視化する関数fit_predict_modelを次のように定義してみよう。

```python
from fbprophet import Prophet

def fit_predict_model(dataframe):
    model = Prophet(
        daily_seasonality = False,
        weekly_seasonality = False,
        yearly_seasonality = False,
        seasonality_mode = 'multiplicative',  # 乗法モデルを指定
        interval_width = 0.99, # 信頼区間の指定
        changepoint_range = 0.8 # 元データのうち80%を使って変化点検出を行う
        )
    # 月次の要素の季節性を追加
    model.add_seasonality(
        name='monthly',
        period=30.5,
        fourier_order=5
        )
    model = model.fit(dataframe)

    # 予測の実施
    forecast = model.predict(dataframe)
```

```
# fact列に原系列データをコピー
forecast['fact'] = dataframe['y'].reset_index(drop = True)

# 予測値と原系列のグラフを出力
fig1 = model.plot(forecast)
return forecast
```

まず、Prophet に与えられているパラメータについて解説しよう。daily_
seasonality、weekly_seasonality、yearly_seasonalityはそれぞれ、日次・
週次・年次での周期の有無について設定するものであり、今回はどれもFalseを指定
している。そして乗法モデルを指定したうえで、信頼区間の設定も行っている。時系
列分析における信頼区間とは、端的にいえば特定の確率である一定の範囲に予想値が
収まる、ということである。今回は99%の確率で予想値の範囲を示しなさい、という
パラメータが設定されている。そしてchangepoint_rangeは、トレンドの変化点を
推定するために使用するデータ量を指定する。デフォルトでは与えられたデータセッ
ト全体の80%を使用する。また、先のトレンド要素の可視化で把握できたように、月
末から月初にかけてはログオン量が減少する一方で、月中にはログオン量が増えてい
くという周期性があるように思えるので、月次の周期性があると仮定し、これを追加
する。

それでは実際にこの関数を使用して、異常検知を行ってみよう。その前に、まず予
測をするために必要な行列をProphet指定の列名に変更しなければならない。予測
したい値は「y」という名前の列に入れ、日付データは「ds」という名前の列に入れ
てやる必要があるのだ。したがって、それぞれを変更したあとにこの関数を呼び出
そう。

```
# Prophet指定のカラム名に変更
df_LogonSum.columns = ['ds', 'y']

pred = fit_predict_model(df_LogonSum)
```

結果は**図**6-9のようになる。この図では、薄いブルー（紙面上では薄いグレー）の
領域が信頼区間にあたる。すなわち、Prophetの予測ではこの範囲にログオンの合計
値が収まるはず、ということになる。また、実線で示された値が、Prophetの予測で
最も確率が高い値となる。そして黒丸の点は、オリジナルの原系列の値だ。さらに、

このグラフを見る限りでは、3月の終わりと、4月の終わりに原系列データがProphet
の予測範囲内にないことがわかる。すなわち、異常値があったということになる。

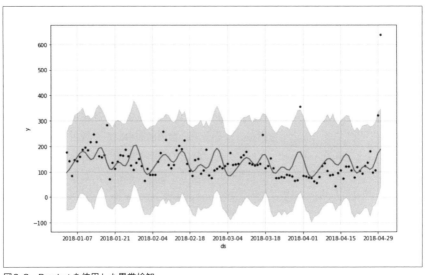

図6-9　Prophetを使用した異常検知

　これらの異常値を詳しく調べてみたいが、その前に、まずは、Prophetの予測がど
のような結果になっているかを確かめてみよう。そのために、次のように予測結果の
先頭5行分を取り出してみる（**図6-10**）。

```
pred.head()
```

	ds	trend	yhat_lower	yhat_upper	trend_lower	trend_upper	monthly	monthly_lower	monthly_upper	multiplicative_terms
1	pred.head()									
0	2018-01-03	153.601987	-80.375343	270.419296	153.601987	153.601987	-0.370217	-0.370217	-0.370217	-0.370217
1	2018-01-04	153.257831	-72.336481	249.044395	153.257831	153.257831	-0.291992	-0.291992	-0.291992	-0.291992
2	2018-01-05	152.913674	-58.724017	279.290842	152.913674	152.913674	-0.185006	-0.185006	-0.185006	-0.185006
3	2018-01-06	152.569518	-23.235663	293.967404	152.569518	152.569518	-0.077890	-0.077890	-0.077890	-0.077890
4	2018-01-07	152.225362	0.954367	324.031397	152.225362	152.225362	0.032593	0.032593	0.032593	0.032593

図6-10 prophetによる予測結果の行列例

　Prophetの予測結果はforecastオブジェクトと呼ばれる行列に格納される。いくつかの行列が確認できるが、このうちyhat列が予測値にあたり、yhat_upper列とyhat_lower列がそれぞれ信頼区間の上限と下限である。このほか、「trend」から始まる列名には周期性に関連すると思われる値が、あるいは「monthly」から始まる列名には月次の季節性に関連すると思われる値が、そして「multiplicative」から始まる列名には乗法モデルに関連すると思われる値が入っている。思われるというのは、残念ながら公式サイトなどでこれらの列が何かについて確認できなかったため、列名からおそらくそうであろうと推定されるからだ[†2]。

　では、異常値の行だけを抽出してフラグ列を設定したうえで、異常値だけを取り出してみよう。まずはフラグを設定するために次のような関数を用意して実行する。この関数では、Prophetの予測結果から、日付、トレンド要素、予測値、予測値の下限と上限、実際の値を新しい行列forecastedにコピーしたうえで、フラグ用の列anomaliesを用意する。そして、Prophetの予測値の上限より原系列が大きい場合には異常値と判定し、そのような行があれば、anomalies列にフラグとして1を設定するのだ。

```
def detect_anomalies(forecast):
    # Prophetの予測結果から、日付、トレンド要素、予測値、
    # 予測値の下限と上限、実際の値を新しい行列forecastedにコピーする
    forecasted = \
    forecast[['ds','trend', 'yhat', 'yhat_lower', \
```

[†2] FacebookによるProphet公式ドキュメントには、これらの列名に関する説明は本稿執筆時において見つけることができなかった。
https://facebook.github.io/prophet/docs/

```
                'yhat_upper', 'fact']].copy()

    # 行列forecastedにanomalies列を追加し、初期値にゼロを設定する
    forecasted['anomalies'] = 0

    # 予測値の上限より原系列が大きい場合には異常値と判定する
    forecasted.loc[forecasted['fact'] > \
                forecasted['yhat_upper'], 'anomalies'] = 1

    return forecasted

pred = detect_anomalies(pred)
```

実際の異常値として判定された行のみを取り出すには、次のようにすればよい。

```
pred[pred.anomalies == 1]
```

結果は**図6-11**のようになる。

	1 pred[pred.anomalies == 1]						
	ds	trend	yhat	yhat_lower	yhat_upper	fact	anomalies
87	2018-03-31	125.989251	177.695820	21.220626	332.727229	355	1
117	2018-04-30	131.160559	187.437847	34.242989	356.717170	639	1

図6-11　異常値として判定された行のみを抽出

6.4.4　msticpyによる異常検知

　Prophet以外の方法も試してみよう。こちらのほうが、よりわかりやすい可視化機能を持っており、近い将来、クラウド上のログデータを調査したり自動化したりすることが情報セキュリティエンジニアにも要求される可能性があるからだ。msticpyは、Jupyter Notebookを通じた情報セキュリティの調査と脅威ハンティングのためにMicrosoftによって開発されているライブラリである。msticpyは当初、Microsoftの SIEMである Azure Sentinel 用に Jupyter Notebook を通じた開発などを支援する目的で開発されていた。これには次の機能が含まれている。

- 複数のソースへログデータを問い合わせる
- 脅威インテリジェンス、ジオロケーション、Azureリソースデータのデータを エンリッチメントさせる
- ログから活動指標（IoA）を抽出し、エンコードされたデータをデコードする
- 異常セッションの検出や時系列分解などの高度な分析を行う
- インタラクティブなタイムライン、プロセスツリー、あるいは多次元の形態図 を使用したデータの可視化を行う

msticpyを使用するためには、pipを使用してパッケージとしてインストールす ればよい。ただし、statsmodelsパッケージへの依存性があるようで、次のように statsmodelsのバージョンを0.12.1に指定しておくことでこの依存性を解消できる （本稿執筆時点）。statsmodelsとmsticpyのインストール後にランタイムの再起動 が必要となる場合があるので、出力をよく見てそれに従うこと。

```
# インストール後、ランタイムの再起動が必要になることがあるので注意
!pip install statsmodels==0.12.1
!pip install msticpy
```

今回は、msticpyに含まれるstatsmodels APIのSTLメソッドを利用して原系列 データをトレンド・サイクル、季節変動、残余の3つの成分に分解して時系列分析を 行う。そのためにtimeseries_anomalies_stl関数を使用する。STLはSeasonal and Trend decomposition using Loessの略称であり、3つの成分の平滑化推定値を 抽出するものだ。これを使用するために、次のようにログデータを再ロードして整形 し、Date列とTotalLogons列のみを選択して、Date列のフォーマットを整形した うえでインデックスに指定する。timeseries_anomalies_stl関数に前処理した 行列を渡し、パラメータseasonalに今回は月次の季節性があると仮定して31を指 定する。

```
from msticpy.analysis.timeseries import timeseries_anomalies_stl
import pandas as pd

# ログデータを再ロードして整形する
df = pd.read_csv('HostLogons-demo.csv', infer_datetime_format=True)
df_LogonSum = df.groupby(
    ['Date','ComputerName']
```

```
    )['TotalLogons'].sum().reset_index()

# Date列とTotalLogons列のみを選択し、
# Date列のフォーマットを整形した上でインデックス指定する
df_LogonSum = df_LogonSum[['Date','TotalLogons']]
df_LogonSum['Date'] = pd.to_datetime(
    df_LogonSum['Date'],
    format='%m/%d/%Y'
    ).dt.strftime('%Y-%m-%d')
df_LogonSum = df_LogonSum.set_index('Date')

# パラメータseasonalには奇数を指定する必要があり、
# 今回は月次の季節性があると仮定して31を指定
output = timeseries_anomalies_stl(df_LogonSum, seasonal=31)
```

結果を見てみよう。

```
output[output.anomalies == 1]
```

図6-12のように、Prophetを使用した異常検知と同じ結果が確認できる。なお、residualは残余、trendはトレンド・サイクルであり、seasonalは季節変動にあたる。weightsは外れ値の影響を軽減するために使用される重み付けであり、baselineはトレンド・サイクルと季節変動を加算した値、scoreは残余のZスコア[3]である。

		1 output[output.anomalies == 1]							
		Date	TotalLogons	residual	trend	seasonal	weights	baseline	score	anomalies
81	2018-03-31	355	165	112	76	1	189	3.561666	1
111	2018-04-30	639	187	140	310	1	451	4.034056	1

図6-12　timeseries_anomalies_stlによる異常検知の結果

次に、異常検知の結果を可視化してみよう。

---

[3]　データ群の該当する数値から平均値を減算し、標準偏差で除算することで標準化した値。

```
from msticpy.nbtools.timeseries import display_timeseries_anomolies

# 結果のDate列に日付型を適用し、かつ日付順に並び替える
output['Date'] = pd.to_datetime(output['Date'])
output = output.sort_values(by='Date')

timeseries_anomalies_plot = display_timeseries_anomolies(
    data=output,
    y='TotalLogons',
    time_column='Date'
    )
```

このコードを実行すると**図6-13**のような結果が得られる。Prophetを使用した場合と比較して、よりわかりやすく異常検知箇所が確認できる。

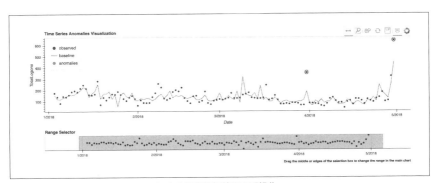

図6-13　timeseries_anomalies_stlによる異常検知結果の可視化

6.5　まとめ

　本章では、ログオンのログに周期性があると仮定し、特定の幅を持ってその総量が循環していると考えた。そのうえで、時系列分析を行ってこの幅を超えた量のログオンが発生したことを自動的に異常と判定し、検出する方法を実装した。次章では、Webアプリケーションの脆弱性を悪用する攻撃を自動的に検出する方法を学ぶ。

6.6 練習問題

6-1 情報漏洩は、企業の内部ネットワーク外へ機微なデータが移動させられること
で引き起こされる。したがって、情報漏洩が起こったとすると、ネットワーク
のトラフィックが、通常よりも増加するといった異常が発生するかもしれな
い。このような検知シナリオでは、ファイアウォールやIDSのログ、あるいは
NetFlowといった記録データから組織外へのデータ転送の大きさが重要になる
だろう。今回はAshwin Patilが公開しているPalo Altoのファイアウォールロ
グから、1時間あたりに送出されたデータ量の推移を使用することで、異常検
知を行う。そのために、次のコマンドを実行して、まずはデータセットをダウ
ンロードしなさい。

```
!wget https://raw.githubusercontent.com/oreilly-japan/ml-security-jp/
↪  master/ch06/TimeSeriesDemo.csv
```

6-2 pipを使用してmsticpyと、statsmodelsのバージョン0.12.1をインストー
ルしなさい。

6-3 データセットのCSVファイルをロードして、TimeGenerated列とTotal
BytesSent列を抜き出しなさい。同時に、TimeGenerated列をインデックス
に指定しなさい。

6-4 週次の季節性があると仮定して、msticpy.analysis.timeseries から
timeseries_anomalies_stlをインポートして異常検知を行いなさい。

6-5 msticpy.nbtools.timeseriesからdisplay_timeseries_anomoliesを
インポートし、異常値の可視化を行いなさい。

7章
SQLインジェクションの検出

新井 悠

7.1 SQLインジェクションの概要

　本章は日本語版オリジナルの記事である。私たちが日常的に利用しているショッピングサイトなどは、データベースと連携したWebアプリケーションであることがほとんどだ。その多くが、利用者の入力をもとにSQL文を組み立て、商品検索などを可能としていることだろう。このとき、Webアプリケーション側でのSQL文の組み立て方法に問題がある場合、それを悪用してデータベースの不正利用を招く可能性がある。事実、たとえばAkamai社のセキュリティレポート「2020年インターネットの現状／セキュリティ：金融サービス——敵対的乗っ取り攻撃」によると[†1]、2017年12月から2019年の11月までの24ヵ月間に観測された、Webアプリケーションを狙う攻撃のうち、72%以上がSQLインジェクションの試みであったという。こうした脆弱性を悪用するSQLインジェクション攻撃は、2005年頃から日本でも被害が報告されるようになった。そこから14年経った本書の執筆時点においても、日本国内においていまだに同種の脆弱性を悪用され、被害が発生しているという実態がある。

　もちろん、SQL文の組み立てをすべてプレースホルダで実装する、といった対策をとれば、SQLインジェクションに対する根本的な解決をはかることができる。一方で、今どのような攻撃が流行しているのかといった現状把握を行うためにSQLインジェクションを検出することも重要と考えられる。この章では、SQLインジェクショ

[†1]　「2020年インターネットの現状／セキュリティ：金融サービス——敵対的乗っ取り攻撃」
https://www.akamai.com/jp/ja/resources/our-thinking/state-of-the-internet-report/global-state-of-the-internet-security-ddos-attack-reports.jsp

ンの検出器を開発することで、そうした攻撃の検出や対処を行うための手がかりとする。なお、本書ではSQLインジェクションに関する詳細な説明は行わない。それらについて詳細に知りたい場合は、通称「徳丸本[†2]」のような良質な文献を副読本として参照していただきたい。

本章で紹介する内容は次のとおりである。

- 特徴量エンジニアリング
- N-gramによる特徴量の抽出
- SQLインジェクション検出器の開発

7.2　データセット

HttpParamsDatasetはスロバキアのPipelinersales社のŠtefan Šmihlaによって作成されたデータセットである。このデータセットには、19,304件の正常とラベルされたHTTPクエリ文字列と、11,763件の異常とラベルされたHTTPクエリ文字列が含まれる。異常とラベルされたHTTPクエリ文字列には、さらに攻撃タイプとしてSQLインジェクション、クロスサイトスクリプティング、コマンドインジェクション、ディレクトリトラバーサルを示すラベルが付与されている。まずはgit clone コマンドを使って、このデータセットをダウンロードする。

```
!git clone https://github.com/Morzeux/HttpParamsDataset
```

pandasを使ってデータセットをロードする。

```
import pandas as pd
df = pd.read_csv('./HttpParamsDataset/payload_train.csv')
```

このデータセットの一部を**図7-1**に示す。

---

†2　徳丸浩：『体系的に学ぶ 安全な Web アプリケーションの作り方 第2版』SB クリエイティブ, 2018.

	payload	length	attack_type	label
0	c/ caridad s/n	14	norm	norm
1	campello, el	12	norm	norm
2	1442431887503330	16	norm	norm
3	nue37	5	norm	norm
4	tufts3@joll.rs	14	norm	norm
5	22997112x	9	norm	norm
6	arenas de san juan	18	norm	norm
7	19245	5	norm	norm
8	fennell	7	norm	norm
9	d50allecido	11	norm	norm

```
1 df
```

図7-1　HttpParamsDataset の一部

　HttpParamsDataset のあるがままの状態では、数値として識別できるのは length という列のみである。これは payload 列の HTTP クエリ文字列の長さである。よって、このデータセットをそのまま訓練に使ってしまうと、たったひとつの特徴量しか使えない。一方、前章までに使ってきたデータセットはどれも、10 個以上の特徴量を使っている。それらと比べると、このデータセットをそのまま使うのはあまりにも心もとない。そこで、まずは特徴量エンジニアリングを行い、特徴量をさらに追加して、よりよい訓練を行うためのデータセットにしよう。

7.3　特徴量の追加

　特徴量エンジニアリングを行い、特徴量を追加することで、さらなる精度の向上を狙う。そのために、まずは今回はエントロピーを使ってみることにする。

7.3.1　エントロピー

　情報学において、平均情報量（エントロピー）とは、その情報源がどれだけ情報を出しているかを測るための尺度である。エントロピーとは、「乱雑さ」「不規則さ」

「曖昧さ」などといった概念を指す[3]。したがって、ある情報が不規則であればある
ほど、平均して多くの情報を含んでいるということになる。

Shannonのエントロピーの公式は次のとおりだ。

$$H(X) = -\sum_{i=1}^{n} P_i \log_2 P_i$$

　ここでひとつの仮定として、通常のHTTPクエリ文字列と、SQLインジェクショ
ンのHTTPクエリ文字列のエントロピーとの違いを考えてみよう。SQLインジェク
ションを含むHTTPクエリ文字列は、SQL構文の文法という一定の規則に基づいた
文字列を含むため、そのエントロピーは法則性のない通常のHTTPクエリ文字列の
エントロピーとは異なった値をとる、と推定できる。そこでエントロピーを使って、
payload列のHTTPクエリ文字列を数値的な表現に変換し、特徴量に加えてみよう。
そのために、次のような文字列のエントロピーを計算する関数H_entropyを定義す
る。あとでのこの関数を使うことで、HTTPクエリ文字列を数値に変換し、機械学習
アルゴリズムでも使用可能な特徴量へと変換できるのだ。

```python
import numpy as np
import pandas as pd

# HTTPクエリ文字列のエントロピーの計算
def H_entropy(x):
    prob = [ float(x.count(c)) / len(x) for c in dict.fromkeys(list(x)) ]
    H = - sum([ p * np.log2(p) for p in prob ])
    return H
```

　先の仮定がもし確かなものであれば、通常のHTTPクエリ文字列と、SQLインジェ
クションのHTTPクエリ文字列それぞれのエントロピーは異なった分布をとるはず
だ。そこでまず、通常のHTTPクエリ文字列と、SQLインジェクションのHTTPク
エリ文字列それぞれについてエントロピー値の平均を算出してみよう。まずは通常の
HTTPクエリ文字列について算出してみよう。そのために、最初に、エントロピーを
算出してリストに追加する。

---

[3]　佐藤洋一：「平均情報量 Entropy」(https://www.mnc.toho-u.ac.jp/v-lab/yobology/entropy/entropy.htm)
　　より。

```
# 通常であるとラベリングされた行列のみを抽出
df_norm = df[df.attack_type == 'norm']

# 算出されたエントロピーを格納するリストを用意
norm_entropies = []

# payload列からHTTPクエリ文字列を取り出して処理させる
for i in df_norm['payload']:

    # エントロピーの計算と代入
    norm_entropies.append(H_entropy(i))
```

これで準備ができた。平均値を算出しよう。

```
sum(norm_entropies) / len(norm_entropies)
```

通常のHTTPクエリ文字列のエントロピーの平均は約2.77であった。

---

1 sum(**norm_entropies**) / len(**norm_entropies**)

2.7658075808985836

図7-2　通常のHTTPクエリ文字列のエントロピーの平均

次にSQLインジェクションのHTTPクエリ文字列のエントロピーの平均を算出する。

```
# SQLインジェクションであるとラベリングされた行列のみを抽出
df_sqli = df[df.attack_type == 'sqli']

# 算出されたエントロピーを格納するリストを用意
sqli_entropies = []

# payload列からHTTPクエリ文字列を取り出して処理させる
for i in df_sqli['payload']:

    # エントロピーの計算と代入
    sqli_entropies.append(H_entropy(i))
```

同じように平均値を算出しよう。

```
sum(sqli_entropies) / len(sqli_entropies)
```

SQLインジェクションのHTTPクエリ文字列のエントロピーの平均は約4.29であった。よって、先の仮説が正しい可能性がある。

```
1 sum(sqli_entropies) / len(sqli_entropies)

4.289379819336267
```

図7-3 SQLインジェクションのHTTPクエリ文字列のエントロピーの平均

とはいえ、平均値はそのデータの傾向や特徴を確実に示すものとは限らない。そこで、さらに可視化ライブラリのmatplotlibを使って、それぞれのエントロピーの度数分布を積み上げグラフで確認してみよう。まずは通常のHTTPクエリ文字列のエントロピーだ。

```python
import matplotlib.pyplot as plt

fig, ax = plt.subplots()

# グラフのタイトルとラベルの設定
ax.set_title('Entropies of normal HTTP query string')
ax.set_xlabel('Entropy')
ax.set_ylabel('Numbers')

# 度数分布グラフの描画
plt.hist(norm_entropies, bins=30, range=(0,6), color='green')
plt.show()
```

通常のHTTPクエリ文字列のエントロピーは1から4までの分布におよそ収まっていることが確認できるだろう。

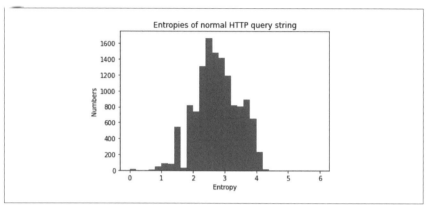

図7-4　通常のHTTPクエリ文字列のエントロピーの度数分布

　同じやり方で、SQLインジェクションのHTTPクエリ文字列のエントロピーを可
視化してみよう。

```python
import matplotlib.pyplot as plt

fig, ax = plt.subplots()

# グラフのタイトルとラベルの設定
ax.set_title('Entropies of SQLi HTTP query string')
ax.set_xlabel('Entropy')
ax.set_ylabel('Numbers')

# 度数分布グラフの描画
plt.hist(sqli_entropies, bins=30, range=(0,6), color='red')
plt.show()
```

　SQLインジェクションのHTTPクエリ文字列のエントロピーは、通常のものとは
異なり、3から5までの分布におよそ収まっている。

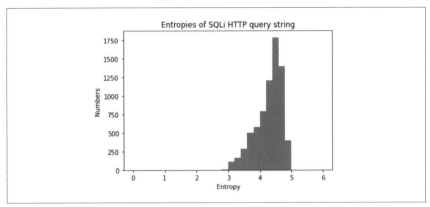

図7-5　SQLインジェクションのHTTPクエリ文字列のエントロピーの度数分布

　先の仮定を裏付けるように、通常のHTTPクエリ文字列と、SQLインジェクショ
ンのHTTPクエリ文字列のエントロピーにはそれぞれ偏りが出ていることがわかる。
偏りがあるということは、その数値的な違いを使って分類や検出ができるかもしれな
い、ということだ。

7.3.2　SQLインジェクションに特徴的な文字

　さらに、pandasを使ってデータセットのSQLインジェクションのHTTPクエリ文
字列を概観してみよう（**図7-6**）。

```
df_sqli = df[df.attack_type == 'sqli']
df_sqli
```

```
1 df_sqli = df[df.attack_type == 'sqli']
2 df_sqli
```

	payload	length	attack_type	label
291	1' where 6406=6406;select count(*) from rdb$fi...	115	sqli	anom
292	1) and 8514=(select count(*) from domain.domai...	111	sqli	anom
293	1) where 7956=7956 or sleep(5)#	31	sqli	anom
294	-7387'))) order by 1--	22	sqli	anom
295	1))) union all select null,null,null#	37	sqli	anom
...	...	...	...	...
20360	1%")) and elt(4249=4249,7259) and (("%"="	41	sqli	anom
20361	-7773' or 5903=('qqpjq'||(select case 5903 whe...	99	sqli	anom
20362	1" order by 1--	15	sqli	anom
20363	1' procedure analyse(extractvalue(5840,concat(...	149	sqli	anom
20364	-7511)) as xqzf where 9939=9939 union all sele...	85	sqli	anom

7235 rows × 4 columns

図7-6　SQLインジェクションのHTTPクエリ文字列

　ざっとデータを見てみると、ひとつの仮説として、SQLインジェクションの場合にはHTTPクエリ文字列として閉じ括弧) が使われる傾向があるように思われる。実際に、このデータセットにSQLインジェクションであるとラベリングされている行のpayload列に、どれくらいの割合で閉じ括弧) が含まれているか確認してみよう。

```
print('{:.2%}'.format(
    df_sqli['payload'].str.contains('\)').sum() \
    / len(df_sqli['payload'])
    )
)
```

```
1 print('{:.2%}'.format(df_sqli['payload'].str.contains('\)').sum() / len(df_sqli['payload'])))
90.91%
```

図7-7 SQLインジェクションとラベリングされているデータに、閉じ括弧が含まれる割合

SQLインジェクションであるとラベリングされている列の90.91%が、閉じ括弧を含んでいるという傾向が確認できた。それでは逆に、通常のHTTPクエリ文字列で閉じ括弧が使われている割合も確認してみよう。

```
df_norm = df[df.attack_type == 'norm']
print('{:.2%}'.format(
    df_norm['payload'].str.contains('\)').sum() \
    / len(df_norm['payload'])
    )
)
```

```
1 df_norm = df[df.attack_type == 'norm']
2 print('{:.2%}'.format(df_norm['payload'].str.contains('\)').sum() / len(df_norm['payload'])))
0.01%
```

図7-8 通常とラベリングされているデータに、閉じ括弧が含まれる割合

通常のHTTPクエリ文字列で閉じ括弧が使われている割合は0.01%であった。このような偏りがあるデータであれば、機械学習に使うことができそうだ。よって、この有無を特徴量として加えよう。ちなみに、今回はSQLインジェクションに使用される可能性の高い文字として閉じ括弧があるかもしれない、という仮説を立てた。他方で、こうした仮説は、Webセキュリティの分野の専門家にとってはごくごく普通のことかもしれない。3章ならびに5章でも触れたが、こうした特定の分野の専門家にとってごくごく普通の知識や経験はドメイン知識と呼ばれ、重要な特徴量を作り出すための鍵となっていることがある。一方で、N-gramのようなドメイン知識を必要としないものもあるが、これについては後述する。

7.3.3　特徴量の追加

　それでは、データセットにエントロピーと閉じ括弧の有無という特徴量を追加しよ
う。関数 func_preprocessing で、データセットから正常とラベルされた HTTP ク
エリ文字列と、SQL インジェクションであるとラベリングされた HTTP クエリ文字列
のみを取り出す。さらに、先に定義した H_entropy 関数を使用し、新たに entropy
列をデータセットに追加する。そして、payload 列の閉じ括弧の有無を確認したうえ
で、その結果を、新たに closing_parenthesis 列としてデータセットに追加する。

```python
# データセットを拡張し、新しい特徴量を追加
def func_preprocessing(df):
    train_rows = ((df.attack_type == 'norm') | (df.attack_type == 'sqli'))
    df = df[train_rows]

    # エントロピーと閉じ括弧の有無を入れる配列
    entropies = []
    closing_parenthesis = []

    # payload列からHTTPクエリ文字列を取り出して処理させる
    for i in df['payload']:

        # エントロピーの計算と代入
        entropies.append(H_entropy(i))

        # 閉じ括弧を検出して、存在した場合は列closing_parenthesisに1を設定、
        # ない場合は0を設定
        if i.count(')'):
            closing_parenthesis.append(1)
        else:
            closing_parenthesis.append(0)

    # データセットに新たに列を追加
    df = df.assign(entropy=entropies)
    df = df.assign(closing_parenthesis=closing_parenthesis)

    # データセットのlabel列のnormを0に、anormを1に変更
    rep = df.label.replace({"norm":0,"anom":1})
    df = df.assign(label=rep)

    return df
```

　このコードを使って、新たに特徴量が追加されたデータセットは**図7-9**のように
なる。

```
df = func_preprocessing(df)
df
```

```
[41]  1 df
```

	payload	length	attack_type	label	entropy	closing_parenthesis
0	c/ caridad s/n	14	norm	0	3.093069	0
1	campello, el	12	norm	0	3.022055	0
2	1442431887503330	16	norm	0	2.827820	0
3	nue37	5	norm	0	2.321928	0
4	tufts3@joll.rs	14	norm	0	3.378783	0
...	...	...	...	...	...	...
20360	1%")) and elt(4249=4249,7259) and (("%"="	41	sqli	1	4.064392	1
20361	-7773' or 5903=('qqpjq'||(select case 5903 whe...	99	sqli	1	4.718866	1
20362	1" order by 1—	15	sqli	1	3.189898	0
20363	1' procedure analyse(extractvalue(5840,concat(...	149	sqli	1	4.641613	1
20364	-7511)) as xqzf where 9939=9939 union all sele...	85	sqli	1	3.774910	1

20105 rows × 6 columns

図7-9　新たに特徴量が追加されたデータセット

7.4　SQLインジェクション検出器の開発

　それでは、このデータセットを使って、SQLインジェクションの検出器を開発してみよう。まずは、検出器の汎化性能を確認するため、交差検証の準備をする。HttpParamsDatasetはあらかじめ訓練用とテスト用にデータセットが分割して用意されている。このため、テスト用のデータセットも読み込み、エントロピーの算出と閉じ括弧の有無をチェックし、特徴量を作り出す。そしてこの特徴量とラベルを訓練用のデータと結合する。

```
# 交差検証を行うため、テスト用に分割されているデータも読み込んで単一の行列にする
# テストデータのロード
test_data = pd.read_csv('./HttpParamsDataset/payload_test.csv')
test_data = func_preprocessing(test_data)

# 特徴量に使用する列のみを抽出
df_x = df[['length','entropy','closing_parenthesis']]
test_x = test_data[['length','entropy','closing_parenthesis']]
```

```
# ラベルのみを抽出
df_y = df[['label']]
test_y = test_data[['label']]

# 特徴量とラベルとしてひとつにまとめる
X_all = pd.concat([df_x, test_x])
y_all = pd.concat([df_y, test_y])
```

データセットの分割、決定木のインポートを行い、optunaを使用してハイパーパラメータの探索を行う。

```
from sklearn.tree import DecisionTreeClassifier
from sklearn.metrics import accuracy_score
from sklearn.model_selection import train_test_split
import numpy as np
import optuna
from sklearn.model_selection import cross_validate

# データセットを訓練用とテスト用に分割
X_train, X_test, y_train, y_test = \
train_test_split(X_all, y_all, test_size=0.2, shuffle=True, random_state=101)

class Objective_DTC:
    def __init__(self, X, y):
        # 変数 X,y の初期化
        self.X = X
        self.y = y

    def __call__(self, trial):
        # チューニング対象のハイパーパラメータの設定
        params ={
        'criterion': trial.suggest_categorical(
            'criterion',
            ['gini', 'entropy']
            ),
        'max_depth': trial.suggest_int(
            'max_depth',
            1, 64
            )
        }
        model = DecisionTreeClassifier(**params)

        scores = cross_validate(model,
                                X=self.X, y=self.y,
                                scoring='accuracy',
```

```
                        n_jobs=-1)
    # 交差検証結果の平均を戻り値に設定
    return scores['test_score'].mean()

objective = Objective_DTC(X_train, y_train)
study = optuna.create_study()
study.optimize(objective, timeout=60)
print('params:', study.best_params)
```

探索されたベストのハイパーパラメータを使って訓練・評価してみよう。

```
from sklearn.metrics import confusion_matrix
from sklearn.metrics import accuracy_score

# ハイパーパラメータチューニングで特定した値を設定

# 訓練の実施
model = DecisionTreeClassifier(
    criterion = study.best_params['criterion'],
    max_depth = study.best_params['max_depth']
)
model.fit(X_train, y_train)
pred = model.predict(X_test)

# 正解率と混同行列の出力
print("Accuracy: {:.5f} %".format(100 * accuracy_score(y_test, pred)))
print(confusion_matrix(y_test, pred))
```

この検出器の正解率は96%程度となる。誤検知や見逃しがあることも確認できるだ
ろう（**図7-10**）。

```
 9 model.fit(X_train, y_train)
10 pred = model.predict(X_test)
11
12 # 正解率と混同行列の出力
13 print("Accuracy: {:.5f} %".format(100 * accuracy_score(y_test, pred)))
14 print(confusion_matrix(y_test, pred))

Accuracy: 96.71751 %
[[3847    0]
 [ 198 1987]]
```

図7-10　SQLインジェクション検出器の正解率

7.5　N-gramによる特徴量の再抽出

　前節では、エントロピーの算出と閉じ括弧の有無のチェックにより特徴量を作り出し、それを使用することで精度の高い分類器を構築できた。さらに高い汎化性能を目指すために、別のアプローチで新たな特徴量を作って分類器を訓練してみよう。ここで試してみるのはN-gramをベースとした方法である。**N-gram**とは、対象となる文字列をN文字ごと分割するという、自然言語処理で用いられる手法を指す。特に、1文字ごと分割する場合を「ユニグラム（uni-gram）」と呼び、同じく2の場合を「バイグラム（bi-gram）」、3の場合を「トライグラム（tri-gram）」と呼ぶ。今回はまず、この手法を使ってHTTPクエリ文字列を文字に分割する。

　次に、HTTPクエリ文字列をN-gramによって分割したアルファベットや記号などの文字をベクトル化し、機械学習アルゴリズムを訓練しよう。ベクトル化は、たとえば特定の文字の出現回数（頻度）をカウントして数値にする方法や、文字の出現有無を二値化する（ない場合は0、ある場合は1を設定する）といった方法がある。今回は、HTTPクエリ文字列を、ユニグラムを使って1文字ごとに分割し、分割した文字をtf-idfを使ってベクトル化することで特徴量にするという、より洗練された方法を採用する。

　まずは、訓練用とテスト用のデータセット両方をロードし直し、正常な通信とSQLインジェクションの通信の列のみを取り出す。

```python
import pandas as pd
df = pd.read_csv('./HttpParamsDataset/payload_train.csv')
test_data = pd.read_csv('./HttpParamsDataset/payload_test.csv')

train_rows = ((df.attack_type == 'norm') | (df.attack_type == 'sqli'))
df = df[train_rows]

test_train_rows = ((test_data.attack_type == 'norm') | (test_data.attack_type == 'sqli'))
test_data = test_data[test_train_rows]
```

訓練と検証を行うために、特徴量とラベル列に分割する。

```python
df_y = df[['label']]
test_y = test_data[['label']]

df_x = df.iloc[:,:-1]
test_x = test_data.iloc[:,:-1]

X_all = pd.concat([df_x, test_x])
y_all = pd.concat([df_y, test_y])
```

ラベルを0と1に置き換える。

```python
rep = y_all.label.replace({"norm":0,"anom":1})
y_all = y_all.assign(label=rep)
```

次に、scikit-learn の `TfidfVectorizer` をインポートする。変数 X と y に、それぞれ HTTP クエリ文字列の列とラベルの列を代入し、ユニグラムを使用するよう配列 `vec_opts` を設定したうえで、`TfidfVectorizer` を初期化する。

```python
from sklearn.feature_extraction.text import TfidfVectorizer

X = X_all['payload']
y = y_all

vec_opts = {
    "ngram_range": (1, 1),
    "analyzer": "char",
    "min_df" : 0.1
}
v = TfidfVectorizer(**vec_opts)
```

ユニグラムベースのtf-idfによるベクトル化を行う。

```
X = v.fit_transform(X)
```

ユニグラムが実行できているか、ベクトル化した特徴量の列にどんな文字が組み込まれているか、確認してみよう。

```
features = v.get_feature_names()
np.array(features)
```

```
1 features = v.get_feature_names()
2 np.array(features)

array([' ', '"', "'", '(', ')', '*', ',', '-', '.', '0', '1', '2', '3',
       '4', '5', '6', '7', '8', '9', '=', 'a', 'b', 'c', 'd', 'e', 'f',
       'g', 'h', 'i', 'k', 'l', 'm', 'n', 'o', 'p', 'r', 's', 't', 'u',
       'v', 'w', 'x', 'y'], dtype='<U1')
```

図7-11　特徴量として使用されている文字を確認

HTTPクエリ文字列が1文字ずつに分割され、それぞれの列に重み付けが数値として設定されているようだ。実際に確認してみよう。

```
df = pd.DataFrame(X.toarray())
df.columns = features
df
```

図7-12のように、TfidfVectorizerによって各文字の重み付けが設定された行列を確認できた（1列目に割り当てられている文字は空のように見えるが、スペースである）。

```
df = pd.DataFrame(X.toarray())
df.columns = features
df
```

		"	'	(	)	,	-	.	0	1	2	3	4	5
0	0.454746	0.000000	0.000000	0.000000	0.000000	0.000000	0.000000	0.000000	0.000000	0.000000	0.000000	0.000000	0.000000	0.000000
1	0.224457	0.000000	0.000000	0.000000	0.000000	0.297992	0.000000	0.000000	0.000000	0.000000	0.000000	0.000000	0.000000	0.000000
2	0.000000	0.000000	0.000000	0.000000	0.000000	0.000000	0.000000	0.000000	0.315348	0.256506	0.154384	0.636599	0.495152	0.150056
3	0.000000	0.000000	0.000000	0.000000	0.000000	0.000000	0.000000	0.000000	0.000000	0.000000	0.000000	0.489475	0.000000	0.000000
4	0.000000	0.000000	0.000000	0.000000	0.000000	0.000000	0.000000	0.382545	0.000000	0.000000	0.000000	0.259918	0.000000	0.000000
...	...	...	...	...	...	...	...	...	...	...	...	...	...	...
20100	0.298041	0.554127	0.000000	0.299974	0.275083	0.098920	0.000000	0.000000	0.000000	0.072571	0.262070	0.000000	0.373571	0.084908
20101	0.585401	0.000000	0.352300	0.120861	0.110832	0.000000	0.066095	0.000000	0.215680	0.043859	0.000000	0.217698	0.000000	0.153944
20102	0.500044	0.309899	0.000000	0.000000	0.000000	0.000000	0.489300	0.000000	0.000000	0.324686	0.000000	0.000000	0.000000	0.000000
20103	0.345829	0.000000	0.180373	0.232048	0.212793	0.191302	0.000000	0.000000	0.276064	0.224552	0.000000	0.000000	0.108367	0.131363
20104	0.202426	0.000000	0.000000	0.000000	0.062278	0.201557	0.111418	0.000000	0.000000	0.049289	0.000000	0.275235	0.000000	0.028834

図7-12 TfidfVectorizerによって各文字の重み付けが設定された行列

今回は分類アルゴリズムにLightGBMを使用する。そして2章同様に、ハイパーパラメータを探索するために、optunaの`integration.lightgbm`を`olgb`としてインポートする。今回もLightGBMを交差検証しながらハイパーパラメータ探索ができる`LightGBMTunerCV`を活用する。

```
from sklearn.model_selection import cross_validate
from sklearn.model_selection import train_test_split
import optuna.integration.lightgbm as olgb
import optuna

# データセットを訓練用とテスト用に分割
X_train, X_test, y_train, y_test = \
train_test_split(X, y, test_size=0.2, shuffle=True, random_state=101)

# LightGBM用のデータセットに変換
train = olgb.Dataset(X_train, y_train)

# パラメータの設定
params = {
    "objective": "binary",
    "metric": "binary_logloss",
    "verbosity": -1,
    "boosting_type": "gbdt",
}

# 交差検証を使用したハイパーパラメータの探索
tuner = olgb.LightGBMTunerCV(params, train)

# ハイパーパラメータ探索の実行
tuner.run()
```

　探索されたベストのパラメータを出力する。今回は二項分類なので、評価指標には `binary_logloss` を指定した。このため、ベストのスコアは値が小さいほどよい。指標についてもっと知りたい場合は、LightGBMのドキュメントのMetric parametersの説明[†4]を確認するとよいだろう。

```python
print("Best score:", tuner.best_score)
best_params = tuner.best_params
print("Best params:", best_params)
print("  Params: ")
for key, value in best_params.items():
    print("    {}: {}".format(key, value))
```

　探索されたベストのパラメータを使用して、SQLインジェクション検出器を訓練しよう。

```python
import lightgbm as lgb
from sklearn.model_selection import train_test_split
from sklearn.metrics import accuracy_score, confusion_matrix
from sklearn.model_selection import train_test_split

# 訓練データとテストデータを設定
train_data = lgb.Dataset(X_train, label=y_train)
test_data = lgb.Dataset(X_test, label=y_test)

# ハイパーパラメータ探索で特定した値を設定
params = {
    'objective': 'binary',
    'metric': 'binary_logloss',
    'verbosity': -1,
    'boosting_type': 'gbdt',
    'lambda_l1': best_params['lambda_l1'],
    'lambda_l2': best_params['lambda_l2'],
    'num_leaves': best_params['num_leaves'],
    'feature_fraction': best_params['feature_fraction'],
    'bagging_fraction': best_params['bagging_fraction'],
    'bagging_freq': best_params['bagging_freq'],
    'min_child_samples': best_params['min_child_samples']
}

# 訓練の実施
```

[†4]　https://testlightgbm.readthedocs.io/en/latest/Parameters.html#metric-parameters

```
gbm = lgb.train(
    params,
    train_data,
    num_boost_round=100,
    verbose_eval=0,
)

# テスト用データを使って予測する
preds = gbm.predict(X_test)
# 戻り値は確率になっているので四捨五入する
pred_labels = np.rint(preds)
# 正解率と混同行列の出力
print("Accuracy: {:.5f} %".format(100 * accuracy_score(y_test, pred_labels)))
print(confusion_matrix(y_test, pred_labels))
```

図7-13のように、LightGBMを使用したSQLインジェクション検出器は、99%という非常に高い正解率を示した。

```
33 # テスト用データを使って予測する
34 preds = gbm.predict(X_test)
35 # 戻り値は確率になっているので四捨五入する
36 pred_labels = np.rint(preds)
37 # 正解率と混同行列の出力
38 print("Accuracy: {:.5f} %".format(100 * accuracy_score(y_test, pred_labels)))
39 print(confusion_matrix(y_test, pred_labels))

Accuracy: 99.96684 %
[[3847    0]
 [   2 2183]]
```

図7-13　LightGBMを使ったSQLインジェクション検出器の正解率

7.6　まとめ

　この章ではいまだ止むことのないSQLインジェクション攻撃への対抗策として、機械学習を用いた検出器の開発方法を学んだ。SQLインジェクションのHTTPクエリ文字列と、そうではない一般の通信のHTTPクエリ文字列にはエントロピーに差が出るのではないか、という仮説を立て、検証し、特徴量に追加した。同様に、SQLインジェクションのHTTPクエリ文字列では閉じ括弧が使われる傾向があるという仮説についても検証し、特徴量に追加した。こうした専門領域の知識（ドメイン知識）

をもとに、現象や表現内容を数値化して特徴量に加える、いわゆる特徴量エンジニアリングの実施によって精度の高い検知器や分類器を構築できることが確認できただろう。特徴量を見つけることは難しく、時間がかかり、専門知識が必要となるが、その効果は間違いのないものだ。一方で、N-gramのようなドメイン知識を必要としない手段も、極めて有効であることも検証できただろう。さまざまな手段のアプローチを通じて、特徴量を作り、評価を繰り返してみることの重要性を本章で理解いただければと思う。

　他方で、エンコーディングなどによるこうした検出器の回避については触れなかった。OWASPのページ[†5]などを参考に、さらにデータセットを補完すれば、現実世界の攻撃をより汎用的に検出できる検出器を開発するといったことも可能となるだろう。

7.7　練習問題

7-1 本章で開発したLightGBMベースのSQLインジェクション検出器に加えて、さらにXGBoostを使用したアンサンブル検出器を開発する。アンサンブルとは、複数の予測モデルを組み合わせてひとつのモデルとする手法である。複数のモデルの予測結果の多数決をとることで、より高い精度を狙うという目的がある。まずはパッケージとしてxgboostをインポートしなさい。

7-2 LightGBMベースのSQLインジェクション検出器に使用した特徴量を転用し、かつoptunaを使用してXGBoostのハイパーパラメータチューニングを行いなさい。

7-3 ハイパーパラメータチューニングの結果を使用して検出器を訓練しなさい。

7-4 LightGBMベースの検出器の予測結果と、XGBoostベースの検出器の予測結果の1/2をそれぞれとって合算しなさい。

7-5 合算した結果を予測値として使用し、正解率と混同行列を見なさい。

---

†5　OWASP. SQL Injection Bypassing WAF.（https://owasp.org/www-community/attacks/SQL_Injection_Bypassing_WAF）

8章
機械学習システムへの攻撃

黒米 祐馬

本章は日本語版オリジナルの記事である。本章は原著の「Chapter 8: Evading Intrusion Detection Systems（侵入検知システムの回避）」の主旨はそのままに増補・改訂を施したものであり、機械学習システムを取り巻く脅威と機械学習システムへの攻撃方法を詳述する。本章では次のトピックを扱う。

- 機械学習システムの脅威モデル
- 攻撃に利用できるライブラリ
- Copycat CNNによる転移攻撃
- FGSM、Carlini & Wagner Attack、そしてZOO Attackによる回避攻撃
- Adversarial TrainingおよびRandomized Smoothingによる回避攻撃対策
- BadNetsによる汚染攻撃
- Activation Clusteringによる汚染攻撃対策

8.1 機械学習システムの脅威モデル

これまでの章で紹介してきたとおり、機械学習によってさまざまなセキュリティの問題を解けるようになった。だが一方で、機械学習を採用することで新たに考慮しなければならなくなる問題もある。それが機械学習システムそれ自体のセキュリティだ。

機械学習システムには、データを収集する処理、データを整形する処理、そのデータをもってモデルを訓練する処理、訓練済みのモデルから新たなデータに対する判断

結果を得る処理などが含まれうる。本章ではこれらのうち、特にモデルの訓練および訓練済みモデルの運用に関する攻撃手法を紹介する。攻撃手法は次の3種類に大別される。

転移（Transfer）攻撃

訓練済みのモデルから訓練データに関する情報やモデルのパラメータを窃取する攻撃。モデルの機密性に対する脅威となる。たとえば、顔認識システムがどんな顔写真のデータを使って訓練されていたかを特定する攻撃を指す。

回避（Evasion）攻撃

訓練済みのモデルに正しく分類されないデータを生成する攻撃。モデルの完全性に対する脅威となる。たとえば、顔認識システムにある人物の顔写真を別人の画像であると判定されるように、**顔写真を**改変する攻撃を指す。

汚染（Poisoning）攻撃

訓練中または訓練済みのモデルに不正なデータを与え、モデルの精度を低下させる攻撃。モデルの完全性または可用性に対する脅威となる。たとえば、顔認識システムにある人物の顔写真を別人の画像であると判定されるように、**顔認識システムを**改変する攻撃を指す。

転移攻撃と回避攻撃は原則的に訓練済みのモデルを対象とした攻撃である。すなわち、モデルの訓練には介入できないが訓練済みのモデルは利用できる攻撃者を脅威として仮定している。これは、訓練済みモデルがクラウドサービス上で公開されており、ユーザーはその分類器にAPIを経由してアクセスするような機械学習システムがあった場合に、その不正なユーザーを攻撃者として想定した脅威モデルだ。つまり、攻撃は細工された本番データを通じて行われる。

　一方で、汚染攻撃は訓練中のモデルをも対象とした攻撃である。言い換えれば、モデルの訓練に介入できる攻撃者を脅威として仮定している。ここでは、モデルの訓練がクラウドサービス上で行われる場合に、そのインスタンスにバックドアを仕掛けている攻撃者が介入してきたり、攻撃者がオンライン上で細工を施したモデルを配布してきたりする場合を想定している。つまり、攻撃は細工された訓練データまたは細工されたモデルを通じて行われる。

　また、対象のモデルやそのパラメータが攻撃者にとって未知であるかどうかで、攻撃の問題設定は2種類に分類される。

ホワイトボックス攻撃

モデルのアーキテクチャやパラメータが攻撃者にとって既知である場合の
攻撃。

ブラックボックス攻撃

モデルのアーキテクチャやパラメータが攻撃者にとって未知である場合の
攻撃。

ホワイトボックス攻撃とは、シリアライズしたモデルの`pickle`ファイル[†1]などが
攻撃者の手元にあり、ライブラリを通じて操作できるような状況を指す。一方でブ
ラックボックス攻撃とは、手探りで攻撃を実現させなければならない状況を指す。当
然ながら前者のほうが後者より容易である。先ほどあげた攻撃手法と照らし合わせる
と、転移攻撃と回避攻撃にはホワイトボックス攻撃とブラックボックス攻撃の両方の
場合が存在する。ブラックボックスの回避攻撃の場合、基本的にはまず転移攻撃を通
じてモデルを復元したうえで、そのモデルに対してホワイトボックス攻撃を試みるこ
ととなる[†2]。汚染攻撃はそのほとんどがホワイトボックス攻撃である。

このような尺度をもって機械学習システムに対する攻撃は分類される。重ねて、モ
デルのアーキテクチャに特化した攻撃なのか、はたまたどのようなモデルに対しても
汎用的に機能することを目指した攻撃なのかといった尺度や、攻撃に使うデータは画
像なのか、音声なのか、文章なのかといった尺度が存在する。

攻撃の分類にせよ、個別の攻撃手法にせよ、最新の情報は基本的に論文ベースであ
り、これまで説明してきた攻撃の区分に当てはまらない手法が登場したり、またこれ
から紹介する攻撃手法が対策されたりする可能性は否めない。機械学習は多くの才能
と計算リソースが注がれている日進月歩の分野なので、本章の内容が陳腐化すること
も大いにありうるがご容赦願いたい。

[†1] Pythonオブジェクトをバイト列に変換したファイル。メモリ上にある訓練済みのモデルをファイルを出力
するのに利用される。

[†2] ここで復元されるモデルは、攻撃対象のモデルとまったくの同一ではない可能性が高い。だとしたら、なぜ
攻撃が成功するのだろうか。ここには、転移性（transferability）と呼ばれる性質が関わってくる。転移性
とは、あるモデルを回避するデータは類似の訓練データから訓練された異なるアーキテクチャのモデルに
対しても同様に機能する、という性質のことだ。人それぞれ違った景色を見て生きてきたはずなのに、多
くの人類が騙し絵に騙されるようなものだと思えばよい。

8.2　攻撃に利用できるライブラリ

　機械学習システムを取り巻く脅威を概観できたので、具体的に攻撃を試したい。次のような選択肢がある。

- 論文をもとに攻撃手法を再実装して攻撃する
- 論文の著者が公開している実装を利用して攻撃する
- 複数の攻撃手法の実装を取りまとめたライブラリを利用して攻撃する

　ここでは最も簡単な方法として、ライブラリに頼ろう。もちろん、腕に覚えのある読者は論文をもとに新たな攻撃手法を考案してもかまわないが、ライブラリを使うこと、ライブラリの構成を知ることはその準備に役立つだろう。

　さて、機械学習システムへの攻撃に利用できるライブラリとしては Clever Hans、Foolbox Native、ART（Adversarial Robustness Toolbox）などが存在する。CleverHans はディープラーニングライブラリでお馴染みの TensorFlow のサイドプロジェクトであり、ディープラーニングモデルに対する回避攻撃の手法の数々を実行できる。開発には Nicholas Carlini、Nicolas Papernot、そして Ian Goodfellow といったディープラーニングのセキュリティ研究の大御所が携わっており、その信頼性は折り紙つきだ。Foolbox Native は CleverHans と同様、ディープラーニングモデルに対する回避攻撃の手法を取りまとめたライブラリだが、CleverHans に含まれない攻撃手法の実装を含んでいる点で異なる[†3]。ART も同種のライブラリであるが、CleverHans と Foolbox Native が回避攻撃、それもディープラーニングモデルに対するものに特化しているのに対して、ART はディープラーニング以外のアルゴリズムを対象とした転移攻撃、回避攻撃、そして汚染攻撃の各手法の実装を含んでいる。本章では簡単のために ART を用いて攻撃を再現する。

　なお、これらのほか、各論文の著者が攻撃手法の実装を公開していることもある。そのような実装を探したい場合は、Papers With Code（https://paperswithcode.com/）という検索エンジンを利用するとよいだろう。

8.2.1　ARTによる攻撃の流れ

　CleverHans にせよ Foolbox Native にせよ ART にせよ、攻撃は基本的に次のステッ

[†3]　CleverHans が対応している攻撃手法は cleverhans/cleverhans/attacks/__init__.py から、Foolbox Native が対応している攻撃手法は foolbox/foolbox/attacks/__init__.py からたどれる。

プからなる。

データセットのロード

攻撃対象のモデルを訓練するためのデータセットをロードする。ここでは攻撃用ライブラリのメソッドは発行されない。ブラックボックス攻撃の場合は割愛。

モデルの訓練

モデルを定義し、訓練する。ここでは攻撃用ライブラリのメソッドは発行されない。ブラックボックス攻撃の場合は割愛。

モデルのラッパーのインスタンス作成

モデルを攻撃用ライブラリで扱うためのラッパーを初期化する。

攻撃手法のインスタンス作成

データやモデルのラッパーに応じた攻撃手法のインスタンスを初期化する。

攻撃の実行

読んで字のごとく。

特にARTの場合は、次のようなコードを実行することになる。

```
# 攻撃手法をインポートする
# 転移攻撃の場合はart.attacks.inferenceまたはart.attacks.extraction以下から、
# 回避攻撃の場合はart.attacks.evasion以下から、
# 汚染攻撃の場合はart.attacks.poisoning以下から、それぞれ攻撃手法をインポートできる
from art.attacks.evasion import ...

# モデルのラッパーをインポートする
# 学習タスクに応じてclassification、encoding、object_detectionといった
# モジュールに分割されている
from art.estimators.classification import ...

# モデルをロードする
model = ...

# ラッパーのインスタンスを初期化する
classifier = ...

# 攻撃手法のインスタンスを初期化する
```

```
attack = ...(classifier=classifier, ...)

# 攻撃を実行する
# 転移攻撃の場合はinferまたはextract、回避攻撃の場合はgenerate、
# そして汚染攻撃の場合はpoisonというメソッドから攻撃を実行できる
... = attack.generate(...)
```

これでARTを使った攻撃の流れを把握できた。ARTのAPI設計はscikit-learnやKerasのAPI設計に準拠しているから、同じように扱うことができる。それでは、各種の攻撃を掘り下げよう。なお、以降のコードをGoogle Colaboratoryで実行する際は、ランタイムのハードウェアアクセラレータを有効化することを推奨する。

8.3 転移攻撃

転移攻撃は、より詳細には**モデル抽出**（Extraction）攻撃、**モデル反転**（Inversion）攻撃、そして**メンバーシップ推論**（Membership Inference）攻撃に分類される。モデル抽出攻撃は、モデルの学習アルゴリズムが既知である場合に、モデルの出力からそのパラメータを抽出する攻撃である。モデル反転攻撃は、モデルの出力をもとに訓練データに関する情報を復元する攻撃である。メンバーシップ推論攻撃は、モデルの出力をもとにあるデータが訓練データに含まれているかを特定する攻撃である。これらはいずれも、モデルに対して繰り返しクエリを発行できる攻撃者を仮定している。

執筆現在、ARTはCopycat CNN[4]、Functionally Equivalent Extraction[5]、Knockoff Nets[6]という3種類のモデル抽出攻撃手法、Attribute InferenceおよびMIFace[7]という2種類のモデル反転攻撃手法の実装を含んでいる。これらのうち、MIFaceはホワイトボックス攻撃、それ以外はブラックボックス攻撃である。ここではCopycat CNNを実践する。

[4] Correia-Silva et al. 2018. Copycat CNN: Stealing Knowledge by Persuading Confession with Random Non-Labeled Data. IJCNN'18.
[5] Jagielski et al. 2019. High Accuracy and High Fidelity Extraction of Neural Networks. USENIX Security'20.
[6] Orekondy et al. 2019. Knockoff Nets: Stealing Functionality of Black-Box Models. CVPR'19.
[7] Fredrikson et al. 2015. Model Inversion Attacks that Exploit Confidence Information and Basic Countermeasures. CCS'15.

8.3.1 Copycat CNN

Copycat CNN は畳み込みニューラルネットワークを対象としたモデル抽出攻撃手法である。その原理は次のとおりだ。

1. 適当なデータを攻撃対象のモデルに与え、その出力をラベルとして疑似データセットを作成する
2. 疑似データセットを訓練データとして、攻撃対象と同じように振る舞うサロゲートモデル[8]を訓練する

それでは実践に移ろう。まずは攻撃対象のモデルを準備する。ここでは MNIST データセット[9]で訓練した畳み込みニューラルネットワークを攻撃対象とする。ARTのパッケージをインストールして準備しよう。

```
!pip install adversarial-robustness-toolbox
```

次のように畳み込みニューラルネットワークを定義し、ARTのラッパーに与える。

```
import numpy as np
import tensorflow as tf
tf.compat.v1.disable_eager_execution()
from tensorflow.keras.layers import Conv2D, Dense, Flatten, MaxPooling2D, Dropout
from tensorflow.keras.models import Sequential
from tensorflow.keras.losses import categorical_crossentropy
from tensorflow.keras.optimizers import Adam

# ラッパーおよびユーティリティをインポートする
from art.estimators.classification.keras import KerasClassifier
from art.utils import load_mnist

# MNISTデータセットをロードする
(X_train, y_train), (X_test, y_test), \
    min_pixel_value, max_pixel_value = load_mnist()

nb_classes=10
```

---

†8 代替モデルのこと。
†9 0〜9の手書きの数字の画像で構成されたデータセット。画像認識のベンチマークとして広く知られている。

```
# 攻撃対象のモデルを定義する
model = Sequential()
model.add(Conv2D(1,kernel_size=(7, 7), activation='relu',
                 input_shape=(28, 28, 1)))
model.add(MaxPooling2D(pool_size=(4, 4)))
model.add(Flatten())
model.add(Dense(nb_classes, activation='softmax'))
model.compile(loss=categorical_crossentropy,
              optimizer=Adam(learning_rate=0.01),
              metrics=['accuracy'])

victim_classifier = KerasClassifier(model,
                                    clip_values=(0, 1),
                                    use_logits=False)
victim_classifier.fit(X_train, y_train, nb_epochs=5, batch_size=128)
```

続いて、サロゲートモデルの雛形を準備する。攻撃者は攻撃対象のアーキテクチャ
を知らないと仮定し、異なるアーキテクチャのモデルを定義している。

```
# 窃取先のモデルの雛形を定義する
model = Sequential()
model.add(Conv2D(32, kernel_size=(3, 3), activation='relu',
                 input_shape=(28, 28, 1)))
model.add(Conv2D(64, (3, 3), activation='relu'))
model.add(MaxPooling2D(pool_size=(2, 2)))
model.add(Dropout(0.5))
model.add(Flatten())
model.add(Dense(128, activation='relu'))
model.add(Dropout(0.5))
model.add(Dense(nb_classes, activation='softmax'))
model.compile(loss=categorical_crossentropy,
              optimizer=Adam(learning_rate=0.01),
              metrics=['accuracy'])

thieved_classifier = KerasClassifier(model,
                                     clip_values=(0, 1),
                                     use_logits=False)
```

いよいよ攻撃だ。今回は攻撃対象に1,000件のクエリを与えた結果からサロゲート
モデルを訓練する。

```
# 攻撃手法をインポートする
from art.attacks.extraction.copycat_cnn import CopycatCNN

attack = CopycatCNN(classifier=victim_classifier,
                    batch_size_fit=16,
                    batch_size_query=16,
                    nb_epochs=10,
                    nb_stolen=1000)

# 攻撃結果として訓練済みのサロゲートモデルを得る
thieved_classifier = attack.extract(x=X_train,
                                    thieved_classifier=thieved_classifier)

# 結果を表示する
victim_preds = np.argmax(victim_classifier.predict(x=X_train[:100]),
                         axis=1)
thieved_preds = np.argmax(thieved_classifier.predict(x=X_train[:100]),
                          axis=1)
acc = np.sum(victim_preds == thieved_preds) / len(victim_preds)
print('Accuracy of the surrogate model: {}%'.format(acc * 100))
```

コードを実行すると、攻撃対象の分類結果を正解として、サロゲートモデルの正答率が表示される。

ここでは簡単のため、攻撃者はMNISTデータセットからサンプリングしたデータを攻撃対象に与えているが、元論文では攻撃者が自ら準備したランダムなデータを攻撃対象に与えている。モデル抽出に要するクエリ回数が増加するものの、これは攻撃者が攻撃対象のドメイン、すなわち攻撃対象が何を分類するのか知らずとも攻撃を実現できることを意味する。

なお前述のとおり、ART にはこのほか Functionally Equivalent Extraction と Knockoff Nets というモデル抽出攻撃手法の実装が含まれている。Copycat CNN と比較すると、前者はサロゲートモデルの振る舞いをより攻撃対象に近づけることを、後者はサロゲートモデルをより効率的に訓練することを志向した発展形にあたる。

8.4　回避攻撃

回避攻撃を通じて正常なデータから生成された不正なデータを **Adversarial Example** という。検索エンジンに「機械学習　セキュリティ」というクエリを打ち込んだことがある方なら、人間からはパンダに見えるが画像分類器からはテナ

ガザルに見える画像を目にしたことがあるだろう（**図8-1**）。ここからは、こうした
Adversarial Example の生成方法を掘り下げる。

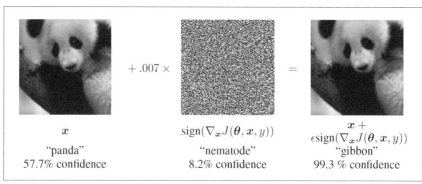

図8-1　最も有名な Adversarial Example。パンダの画像（左）にノイズ（中央）を加えると、画像分
　　　類器からはテナガザルとして識別される画像（右）を生成できる。Goodfellow et al. 2015.
　　　Explaining and Harnessing Adversarial Examples. ICLR'15. より引用

　Adversarial Example を議論するために、いくつか定義を導入し、用語を説明する。
まずは訓練済みのニューラルネットワーク f を次のように定式化する。

$$f_\theta(x) = y$$

　ただし、θ はハイパーパラメータ、x は入力となるデータ点（画像）、y はデータ点
が各クラスに属する確率[10]である。訓練では、訓練データのラベルとモデルの出力
間の損失を計算し、その損失を最小化することで適切な θ を探索する。ひとたびモデ
ルを訓練すると、ある入力データの帰属確率が最も高いと判定されたクラスラベルは
$c(x) = \underset{i}{\operatorname{argmax}}\ y_i$ から得られる。

　この定式化に基づくと、Adversarial Example の生成とは、あるデータ点 x に対し
て、$c(x + \delta) \neq c(x)$ となる微小な**摂動**[11] δ を探索するタスクであると定義できる。
特に、生成する Adversarial Example が指定したラベル t に誤分類されることを目指
す攻撃を**ターゲット型攻撃**、そうでない攻撃を**非ターゲット型攻撃**という。

　このとき、データ点に加える摂動 δ はなるべく小さいものであってほしい。なぜな

---

†10　これは scikit-learn の `predict_proba` メソッドで取得できるリストだと思えばよい。
†11　ノイズのこと。

ら、人間にとっては$c(x + \delta) = c(x)$となるが分類器にとっては$c(x + \delta) \neq c(x)$となる状態が理想だからだ。そのため、多くの手法では加える摂動の量に制限を設けている。ここでの制限には一般的にL_pノルム[†12]が利用される。画像の場合、L_0ノルムは摂動を加えるピクセルの個数、L_1ノルムは全ピクセルに加える摂動の絶対値の和、L_2ノルムは全ピクセルに加える摂動の2乗和の平方根（元画像からのユークリッド距離）、L_∞ノルムはピクセルに加える摂動の絶対値の最大値に相当する。

さて、執筆現在、ARTは20種類のホワイトボックス攻撃手法と、9種類のブラックボックス攻撃手法の実装を含んでいる。これらのうち、まずホワイトボックス攻撃手法の中でも最も有名かつ古典的な手法であるFGSM（Fast Gradient Sign Method）[†13]を紹介するので、攻撃のイメージをつかんでいただきたい。次に、ホワイトボックス攻撃手法の中でも強力なCarlini & Wagner Attack[†14]を紹介する。そのうえで、Carlini & Wagner Attackをブラックボックス攻撃として発展させたZOO Attack[†15]を紹介する。

ARTはまた、26種類のAdversarial Example対策手法の実装を含んでいる。Adversarial Exampleの生成手法に触れたのち、これらの中から直感的な対策手法であるAdversarial Training[†16]と、理論保証付きの対策手法であるRandomized Smoothing[†17]を紹介する。

8.4.1 FGSM

FGSMでは、Adversarial Exampleを次の更新式によって求める。

$$x + \delta = x + \varepsilon * sign(\nabla_x J(\theta, x, c(x)))$$

ただし、xは入力データ、εは摂動の大きさを制御する定数、$c(x)$はクラスのラベル、θはモデルのパラメータ、Jはモデルの損失関数である。この式は、訓練済みニューラルネットワークの損失関数に対する入力データの微分を計算し、$sign$関数でその符号を取り出して、データに対して本来のラベルに対する損失の勾配を定数εだけ登った摂動を与えることを意味する。摂動は各ピクセルに対して$-\varepsilon$またはεずつ

---

†12 距離尺度。

†13 Goodfellow et al. 2015. Explaining and Harnessing Adversarial Examples. ICLR'15.

†14 Carlini. 2017. Towards Evaluating the Robustness of Neural Networks. S&P'17.

†15 Chen et al. 2017. ZOO: Zeroth Order Optimization Based Black-box Attacks to Deep Neural Networks without Training Substitute Models. AISEC'17.

†16 Tramèr et al. 2018. Ensemble Adversarial Training: Attacks and Defenses. ICLR'18.

†17 Cohen et al. 2019. Certified Adversarial Robustness via Randomized Smoothing. ICML'19.

与えられるから、FGSMはL_∞ノルムによって摂動に制限を設けているといえる。

　この手法の特徴は、通常のニューラルネットワークの学習では勾配情報をパラメータθの更新に用いるのに対して、それをデータxの改変に利用している点だ。勾配情報を利用しているということは、攻撃者がニューラルネットワークにアクセスできる環境を前提としている。つまり、FGSMはホワイトボックス攻撃である。また、FGSMにはいくつかのバリエーションが存在するが、ここで提示している式は非ターゲット型攻撃に該当する。

　ARTからFGSMを呼び出すのは簡単だ。先ほどCopycat CNNで攻撃したKerasのvictim_classifierを対象として攻撃を実行するには、次のコードを入力するだけでよい。

```
（…略…）

# 改変前のX_testに対するスコアを表示する
preds = victim_classifier.predict(X_test)
acc = np.sum(np.argmax(preds, axis=1)
             == np.argmax(y_test, axis=1)) / len(y_test)
print('\nAccuracy on benign test examples: {}%'.format(acc * 100))

# 攻撃手法をインポートする
from art.attacks.evasion import FastGradientMethod

attack = FastGradientMethod(estimator=victim_classifier, eps=.1)

# 攻撃の結果としてAdversarial Exampleを得る
X_test_adv = attack.generate(x=X_test)

# 改変後のX_testに対するスコアを表示する
preds = victim_classifier.predict(X_test_adv)
acc = np.sum(np.argmax(preds, axis=1)
             == np.argmax(y_test, axis=1)) / len(y_test)
print('\nAccuracy on adversarial test examples: {}%'.format(acc * 100))

# 生成したAdversarial Exampleをプロットする
from matplotlib import pyplot as plt
plt.matshow(X_test_adv[0, :].reshape((28, 28)))
plt.clim(0, 1)
```

　このコードを実行すると、人間にとっては7に見えるがニューラルネットワークにとっては7に見えないAdversarial Exampleが得られる（**図8-2**）。FastGradientMethodに与えるパラメータepsを大きくするほど分類器のスコアは低下するが、それ

だけ人間から見たときの違和感は増大する。eps を変えながら Adversarial Example
をプロットして、あなたにとって $c(x + \delta) \neq c(x)$ とならない境界を探索してみると
よいだろう。

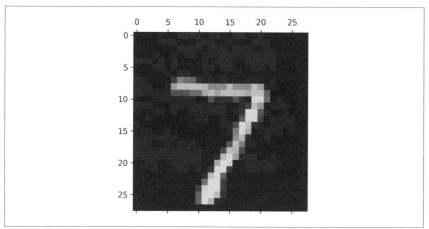

図8-2　FGSM で生成した Adversarial Example（$\varepsilon = 0.1$）。分類器はこの画像を7ではなく別の数字
に誤分類する

8.4.2　Carlini & Wagner Attack

Carlini & Wagner Attack は L-BFGS Attack という手法の発展版である。L-BFGS
Attackでは、次の式をL-BFGS法という手法を用いて解くことでAdversarial Example
を生成する。

$$\min_{\delta} C\|\delta\| + J(\theta, x, t) \quad \text{subject to} \quad x + \delta \in [0, 1]^n$$

この式は、摂動の大きさが最小の Adversarial Example を探索することを意味す
る。目的関数に t があることからわかるように、この攻撃はターゲット型攻撃である。
また C は定数であり、直線探索法を通じて $\|\delta\|$ が最小となる値を求める。

Carlini & Wagner Attack は、L-BFGS Attack に2つの改良を施した攻撃である。
1つ目の改良点は、J の代わりに最適化しやすい関数 G を導入したことである。

$$\min_{\delta} \|\delta\|_p + C \cdot G(x + \delta) \quad \text{subject to} \quad x + \delta \in [0, 1]^n$$

ただし、関数 G は Adversarial Example が目的のクラス t に分類されたときのみ 0 以下になる関数である。この関数にはいくつかの候補が考えられるが、論文の著者らは実験的に次の関数を推奨している。

$$G(x) = \left(\max_{i \neq t} Z(x)_i - Z(x)_t \right)^+$$

ただし、$Z(x)$ は攻撃対象のニューラルネットワークから得られるクラスのロジット[18]である。$\max_{i \neq t} Z(x)_i$ とはすなわち、クラス t 以外の最大のロジットだ。この関数はクラス t の帰属確率が他のクラスの帰属確率よりも小さいとき増加する。また、この関数はすべての $i \neq t$ について $Z(x)_t \leq Z(x)_i$ が成り立つとき最小値 0 をとる。

2つ目の改良点は、L-BFGS Attack よりも効率的な最適化手法を適用できるように変数を導入したことである。L-BFGS Attack の制約 $x + \delta \in [0,1]^n$ を Box 制約といい、これは画像ピクセルが 0 から 1 の間の値をとるように強制する。L-BFGS Attack では、この制約を満たすような最適化手法として L-BFGS 法を採用していた。一方、Carlini & Wagner Attack では新たな変数 w_i を導入し、摂動を置き換える。

$$\delta_i = \frac{1}{2}(\tanh(w_i) + 1) - x_i$$

$-1 \leq \tanh(w_i) \leq 1$ であるため Box 制約は満たされるが、これにより L-BFGS 法以外の最適化手法を適用できるようになる。論文の著者らは一般のニューラルネットワークの最適化にも用いられる Adam を採用している。

Carlini & Wagner Attack は、こうした改良により、Adversarial Example 生成手法のデファクトスタンダードとして君臨している。FGSM が定数 ε で与える摂動の大きさを制御していたのに対し、Carlini & Wagner Attack は摂動の大きさの最小化を目的としているから、より違和感のない Adversarial Example の生成が可能となるのだ。実際、この手法は Defensive Distillation[19]など FGSM 以降に提案されていた Adversarial Example 対策手法を打破することに成功している。

ART から Carlini & Wagner Attack を呼び出すには、先ほどの FGSM のコードを次のように書き換える。

---

[18] ソフトマックス関数を通じてクラスの帰属確率にならす前のニューロンの出力値にあたる。

[19] Papernot et al. 2016. Distillation as a Defense to Adversarial Perturbations against Deep Neural Networks. S&P'16.

```
# 攻撃手法をインポートする
from art.attacks.evasion.carlini import CarliniL2Method

# ターゲット型攻撃だが、ランダムなターゲットを指定することもできる
from art.utils import random_targets

# ここではL2ノルム最小化を試みる
attack = CarliniL2Method(classifier=victim_classifier,
                         targeted=True,
                         max_iter=10)
params = {'y': random_targets(y_test, victim_classifier.nb_classes)}

# 攻撃の結果としてAdversarial Exampleを得る
X_test_adv = attack.generate(x=X_test, **params)

（…略…）
```

こちらの場合も、モデルのスコアは低下している。FGSMと比べてみると、低速ではあるものの強力なことが実感できるだろう。

8.4.3　ZOO Attack

FGSMもCarlini & Wagner Attackもホワイトボックス攻撃の手法であった。では、ブラックボックス攻撃として同じような成果を得るにはどうすればよいだろうか。これには2通りのアプローチが考えられる。1つ目のアプローチは、上述したようなモデル抽出攻撃を用いて攻撃者の環境にモデルを複製し、そのモデルの勾配情報を用いてホワイトボックスな回避攻撃を試みるものだ[†20]。2つ目のアプローチは、攻撃対象の勾配情報を推定するものだ。ZOO Attackは後者のアプローチに相当する。

ZOO Attackでは、Carlini & Wagnerの目的関数の$Z(x)$を$\log f_\theta(x)$に置き換えた関数を目的関数とする。そして、この関数の勾配を有限差分によって推定する。

$$\frac{\partial f(x)}{\partial x_i} \approx \frac{f(x + he_i) - f(x - he_i)}{2h},$$

$$\frac{\partial^2 f(x)}{\partial x_i^2} \approx \frac{f(x + he_i) - 2f(x) + f(x - he_i)}{h^2}$$

残念ながら、有限差分によって目的関数全体の勾配を推定するには、モデルに入力データの次元の2倍の回数のクエリを発行する必要がある。そこで、ZOO Attackで

[†20]　Papernot et al. 2017. Practical Black-Box Attacks against Machine Learning. ASIACCS'17.

は確率的座標降下法という手法を用いて計算を効率化している。

　結果として、ZOO AttackはCarlini & Wagner Attackと同様のAdversarial Example
をブラックボックス攻撃として生成することに成功している。

　それではARTからZOO Attackを呼び出してみよう。これまで散々な目に遭って
きた畳み込みニューラルネットワークをふたたび攻撃してもよいが、ここでは原理的
に勾配を得られないモデルに対しても勾配近似による攻撃が成立することを確認する
べく、LightGBMを対象とする。

```python
import lightgbm as lgb

# ラッパーおよびユーティリティをインポートする
from art.estimators.classification import LightGBMClassifier
from art.utils import load_mnist

# MNISTデータセットをロードする
(X_train, y_train), (X_test, y_test), \
    min_pixel_value, max_pixel_value = load_mnist()

# 今回は5枚の画像にのみ摂動を加える
X_test = X_test[0:5]
y_test = y_test[0:5]

nb_samples_train = X_train.shape[0]
nb_samples_test = X_test.shape[0]
X_train = X_train.reshape((nb_samples_train, 28 * 28))
X_test = X_test.reshape((nb_samples_test, 28 * 28))

# 攻撃対象のモデルを訓練する
params = {'objective': 'multiclass',
          'metric': 'multi_logloss',
          'num_class': 10}
lgb_train = lgb.Dataset(X_train, label=np.argmax(y_train, axis=1))
lgb_test = lgb.Dataset(X_test, label=np.argmax(y_test, axis=1))
model = lgb.train(params=params, train_set=lgb_train, num_boost_round=100,
                  valid_sets=[lgb_test])

victim_classifier = LightGBMClassifier(model=model,
                                       clip_values=(min_pixel_value, max_pixel_value))

 (…略…)

# 攻撃手法をインポートする
from art.attacks.evasion import ZooAttack
```

```
attack = ZooAttack(classifier=victim_classifier,
                   confidence=0.5,
                   targeted=False,
                   learning_rate=1e-1,
                   max_iter=200,
                   binary_search_steps=100,
                   initial_const=1e-1,
                   nb_parallel=250,
                   batch_size=1,
                   variable_h=0.01)

# 攻撃の結果としてAdversarial Exampleを得る
X_test_adv = attack.generate(x=X_test)

(…略…)
```

先ほどまでと比べると、たった5枚の画像に対して恐ろしい所要時間だ。だが、リ
ソース次第ではこうした攻撃も実現可能であると実感できたのではないだろうか。

これまで試してきたFGSM、Carlini & Wagner Attack、そしてZOO Attack以外
にもARTには多数の攻撃手法が実装されている。いずれも同様のインタフェースか
ら呼び出せるので、ひととおり試してみるとよいだろう。

8.4.4　Adversarial Training

Adversarial Trainingは数あるAdversarial Exampleの対策の中でも直感的かつ実
用的な手法だ。Adversarial Trainingでは、訓練データにAdversarial Exampleを含
めてモデルを訓練することで、摂動に影響されないモデルの生成を試みる。

ARTでAdversarial Trainingを実践するには、次のコードを実行する。

```
(…略…)

# 防御手法をインポートする
from art.defences.trainer.adversarial_trainer import AdversarialTrainer

adv_trainer = AdversarialTrainer(victim_classifier, attack)
adv_trainer.fit(X_train, y_train, batch_size=512, nb_epochs=2,
                validation_data=(X_test, y_test))

(…略…)
```

この手法は予防接種と同じ要領で、その長所は既知の攻撃手法を安定的に防げるこ

と、その短所は計算リソースを要求すること、未知の攻撃手法には対処できないことだ。

なお、Adversarial Training は画像生成などで使われる GAN（Generative Adversarial Network、敵対的生成ネットワーク）とは異なる。

8.4.5　Randomized Smoothing

Adversarial Training はおおむねうまく機能するが、未知の攻撃手法には対処できない。Randomized Smoothing は、この問題を解決するべく考案された手法である。それも、「おおむね」ではなく理論的な性能が保証された形で。ここでいう保証とは、入力データ x に与えられた摂動 δ の L_2 ノルムが一定の範囲内であれば $c(x+\delta) = c(x)$ となることの保証である。このような理論保証を Certified Adversarial Robustness という。

Randomized Smoothing は、次の手順でモデルを訓練する。

1. 訓練データにガウシアンノイズを加え、データセットを拡張する
2. 拡張したデータセットを用いてベース分類器 f_θ を訓練する
3. 訓練済みの分類器 f_θ から「平滑化された」分類器 g_θ を訓練する

このモデル g_θ が理論保証付きの分類器となる。その定義は次のとおりである。

$$g_\theta(x) = \underset{c}{\mathrm{argmax}}\ \mathbb{P}_{\delta \sim \mathcal{N}(0,\sigma^2,I)}(f_\theta(x+\delta) = c)$$

これを自然言語で言い換えると、「平滑化された」分類器 g_θ は、入力データ x に分散 σ^2 のガウシアンノイズを与えたデータ $\mathcal{N}(0, \sigma^2, I)$ に対するベース分類器 f_θ の出力のうち、最も可能性の高い予測結果を返すということだ。

ここで、「平滑化された」分類器 g_θ は、次の式によって定義される半径 R の L_2 ボール内部の x について、最も可能性の高い予測結果を返すことが保証されている。

$$R = \frac{\sigma}{2}(\Phi^{-1}(p_A) - \Phi^{-1}(p_B))$$

ただし、p_A は予測結果のうち最も可能性の高いクラス確率、p_B は次いで可能性の高いクラス確率、Φ^{-1} は標準正規分布の累積分布関数の逆数である。なお、p_A および p_B の正確な計算方法は自明ではない。そこで、Randomized Smoothing ではモン

テカルロサンプリングを用いてこれらを推定する。結果的に、Rに応じて「平滑化された」分類器の出力の正しさの確率が得られる。これを Certified Accuracy という。

ふたたび自然言語で言い換えよう。たとえば、ベース分類器にガウシアンノイズを加えたパンダの画像を与え、その予測結果をスコア順にソートしたところ、「パンダ」「テナガザル」「ネコ」の順になったとする。直感的には、このスコアの順序はノイズの加減を多少変更したところで変わらない。このスコアの順序が変わらない範囲において、分類結果は正しいとするのが Randomized Smoothing の考え方だ。

それでは Randomized Smoothing を試してみよう。まずは次のようにしてベース分類器を準備する。

```
tf.compat.v1.enable_eager_execution()

 (…略…)
model.compile(loss=categorical_crossentropy,
              optimizer=Adam(learning_rate=0.01),
              metrics=['accuracy'])

# ARTのRandomized SmoothingはTensorFlow 2の利用を前提とする
from art.estimators.certification.randomized_smoothing \
import TensorFlowV2RandomizedSmoothing

# 訓練用のパラメータを定義する
nb_classes=10
nb_epochs = 40
batch_size = 128
input_shape = X_train.shape[1:]
alpha = 0.001
sample_size = 100

# TensorFlowのパラメータ更新用関数を定義する
optimizer = tf.keras.optimizers.Adam(learning_rate=0.001)
def train_step(model, images, labels):
    with tf.GradientTape() as tape:
        predictions = model(images, training=True)
        loss = loss_object(labels, predictions)
    gradients = tape.gradient(loss, model.trainable_variables)
    optimizer.apply_gradients(zip(gradients, model.trainable_variables))

loss_object = tf.keras.losses.CategoricalCrossentropy(from_logits=False)
```

このベース分類器をもとに「平滑化された」分類器を訓練してみよう。次のコードを実行する。

```python
# 異なる分散のガウシアンノイズを定義する
sigmas = {
    'Smoothed Classifier, sigma=0.1': 0.1,
    'Smoothed Classifier, sigma=0.25': 0.25,
    'Smoothed Classifier, sigma=0.5': 0.5
}
classifiers = {}

def get_cert_acc(radius, pred, y_test):

    rad_list = np.linspace(0, 2.25, 201)
    cert_acc = []
    num_cert = len(np.where(radius > 0)[0])

    for r in rad_list:
        rad_idx = np.where(radius > r)[0]
        y_test_subset = y_test[rad_idx]
        cert_acc.append(np.sum(pred[rad_idx] == \
                            np.argmax(y_test_subset, axis=1)) / num_cert)

    return cert_acc

for name in sigmas:
    sigma = sigmas[name]

    # 「平滑化された」分類器を訓練する
    classifier = \
    TensorFlowV2RandomizedSmoothing(model=model,
                                    nb_classes=nb_classes,
                                    input_shape=input_shape,
                                    loss_object=loss_object,
                                    train_step=train_step,
                                    channels_first=False,
                                    clip_values=(min_pixel_value,
                                            max_pixel_value),
                                    sample_size=sample_size,
                                    scale=sigma,
                                    alpha=alpha)

    classifier.fit(X_train, y_train, nb_epochs=nb_epochs,
                   batch_size=batch_size)

    # Certified Accuracyを取得する
    cert_preds, radius = classifier.certify(X_test, n=500)

    # 半径ごとにCertified Accuracyをプロットする
    rad_list = np.linspace(0, 2.25, 201)
```

```
    plt.plot(rad_list, get_cert_acc(radius, cert_preds, y_test),
            label=name)

    classifiers[name] = classifier

plt.xlabel('radius')
plt.ylabel('certified accuracy')
plt.legend()
plt.show()
```

これにより、各分類器のCertified Accuracyを縦軸、半径Rを横軸にとったプロットが得られる（**図8-3**）。ここで訓練した各分類器は辞書classifiersから再利用できるので、これまで生成してきたAdversarial Exampleと競わせてみるとよいだろう。

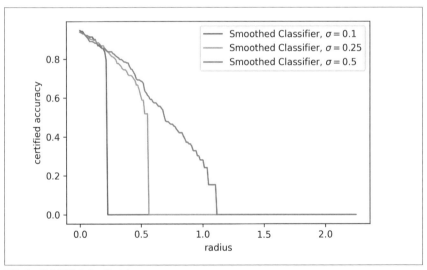

図8-3　各分類器のCertified Accuracy

　以上、駆け足にはなるが、代表的なAdversarial Exampleの生成手法と対策手法を紹介した。Adversarial Exampleは機械学習のセキュリティの中でも最も激しい研究領域であり、攻撃手法、対策手法ともに多く提案されている。分類器の頑健性向上を企図した対策手法のほかには、入力データにフィルターを施す手法や、画像をAdversarial Exampleか否か分類するといった手法が存在する。主要

な研究は Carlini & Wagner Attack の提案者である Nicholas Carlini による Adversarial Machine Learning Reading List（https://nicholas.carlini.com/writing/2018/adversarial-machine-learning-reading-list.html）を参照されたい。

8.5 汚染攻撃

汚染攻撃は、**可用性**攻撃と**バックドア**攻撃に大別される。可用性攻撃は、訓練データに大量の不正なデータを混入させ、訓練後のモデルのスコアを低下させる攻撃である。バックドア攻撃には、不正なモデルを用いる攻撃と、不正なデータを用いる攻撃の2種類がある。前者は、訓練済みモデルをシリアライズしたファイルに不正なコードを追加することで、任意コード実行を実現する。これは機械学習アルゴリズムの問題ではなく、フレームワークの仕様から生じる問題である。それゆえ、ARTには不正なモデルを用いる攻撃に関する実装は含まれていない[†21]。後者は、訓練データに不正なデータを混入させ、訓練後のモデルが不正なデータ（トリガー）をターゲットのラベルに分類するよう誘導する攻撃である。こちらはフレームワークではなくアルゴリズムに関する問題なので、ARTでもサポートされている。

執筆現在、ARTは3種類の攻撃手法と、4種類の対策手法の実装を含んでいる。ここでは、バックドア攻撃手法の中から最もシンプルな手法であるBadNets[†22]を紹介したのち、その対策手法の中からActivation Clustering[†23]を紹介する。

8.5.1 BadNets

BadNetsは畳み込みニューラルネットワークを対象としたバックドア攻撃手法である。その原理は次のとおりだ。

1. 訓練データのサブセットをランダムに選択する
2. 選択した画像にノイズ（トリガー）を埋め込み、攻撃者の指定したラベルを付加して訓練データを汚染する
3. 汚染された訓練データを用いてモデルを訓練する

[†21] 攻撃の具体例は https://mp.weixin.qq.com/s/rjcOK3A83oKHkpNgbm9Lbg や https://www.mbsd.jp/blog/20200603.html を参照されたい。

[†22] Gu et al. 2017. BadNets: Identifying Vulnerabilities in the Machine Learning Model Supply Chain. arXiv:1708.06733.

[†23] Chen et al. 2018. Detecting Backdoor Attacks on Deep Neural Networks by Activation Clustering. arXiv:1811.03728.

　結果として、トリガーの埋め込まれた画像は一見別のラベルの画像のように見える
にもかかわらず、ターゲットラベルに分類されるようになる。正常なデータの分類精
度は正常なモデルと同等になる。
　それでは実践に移る。今回は MNIST データセットを汚染することを考える。デー
タセットをロードし、汚染用の関数を定義、実行してみよう。

```python
import numpy as np
import tensorflow as tf
tf.compat.v1.disable_eager_execution()
from tensorflow.keras.layers import Conv2D, Dense, Flatten, MaxPooling2D, Dropout
from tensorflow.keras.models import Sequential
from tensorflow.keras.losses import categorical_crossentropy
from tensorflow.keras.optimizers import Adam

# ラッパーおよびユーティリティをインポートする
from art.estimators.classification.keras import KerasClassifier
from art.utils import load_mnist, preprocess

# MNISTデータセットをロードする
# 今回は正規化される前のデータを加工するため、raw=Trueとする
(X_train_raw, y_train_raw), (X_test_raw, y_test_raw), \
    min_pixel_value, max_pixel_value = load_mnist(raw=True)
nb_classes=10

# 攻撃手法をインポートする
from art.attacks.poisoning import PoisoningAttackBackdoor
from art.attacks.poisoning.perturbations import add_pattern_bd

# 画像の右下にトリガーを埋め込む
max_val = np.max(X_train_raw)
def add_modification(x):
    return add_pattern_bd(x, pixel_value=max_val)

# データセットを汚染する
def poison_dataset(X_clean, y_clean, percent_poison, poison_func):
    X_poison = np.copy(X_clean)
    y_poison = np.copy(y_clean)
    is_poison = np.zeros(np.shape(y_poison))

    sources=np.arange(nb_classes)
    targets=(np.arange(nb_classes) + 1) % nb_classes

    # 訓練データから汚染対象のデータを選択し、ノイズを加える
    for i, (src, tgt) in enumerate(zip(sources, targets)):
        n_points_in_tgt = np.size(np.where(y_clean == tgt))
```

```
        num_poison = round((percent_poison * n_points_in_tgt)
                          / (1 - percent_poison))

        src_imgs = X_clean[y_clean == src]

        n_points_in_src = np.shape(src_imgs)[0]
        indices_to_be_poisoned = np.random.choice(n_points_in_src,
                                                  num_poison)

        imgs_to_be_poisoned = np.copy(src_imgs[indices_to_be_poisoned])

        # 攻撃を初期化する
        attack = PoisoningAttackBackdoor(add_modification)

        # 攻撃を実行する
        imgs_to_be_poisoned, poison_labels = \
        attack.poison(imgs_to_be_poisoned, y=np.ones(num_poison) * tgt)

        X_poison = np.append(X_poison, imgs_to_be_poisoned, axis=0)
        y_poison = np.append(y_poison, poison_labels, axis=0)
        is_poison = np.append(is_poison, np.ones(num_poison))

    is_poison = is_poison != 0

    return is_poison, X_poison, y_poison

# 訓練データの33%を汚染する
percent_poison = .33

(is_poison_train, X_poisoned_train_raw, y_poisoned_train_raw) = \
poison_dataset(X_train_raw, y_train_raw, percent_poison, add_modification)
X_train, y_train = preprocess(X_poisoned_train_raw, y_poisoned_train_raw)
X_train = np.expand_dims(X_train, axis=3)

(is_poison_test, X_poisoned_test_raw, y_poisoned_test_raw) = \
poison_dataset(X_test_raw, y_test_raw, percent_poison, add_modification)
X_test, y_test = preprocess(X_poisoned_test_raw, y_poisoned_test_raw)
X_test = np.expand_dims(X_test, axis=3)

# 訓練データをシャッフルする
n_train = len(y_train)
shuffled_indices = np.arange(n_train)
np.random.shuffle(shuffled_indices)
X_train = X_train[shuffled_indices]
y_train = y_train[shuffled_indices]
```

こうして汚染された訓練データは、`pickle.dump` などから保存可能だ。続いて、

汚染されたデータを使ってモデルを訓練し、スコアを表示してみよう。

```python
# 攻撃対象のモデルを定義する
model = Sequential()
model.add(Conv2D(32, kernel_size=(3, 3),
                 activation='relu',
                 input_shape=X_train.shape[1:]))
model.add(Conv2D(64, (3, 3), activation='relu'))
model.add(MaxPooling2D(pool_size=(2, 2)))
model.add(Dropout(0.25))
model.add(Flatten())
model.add(Dense(128, activation='relu'))
model.add(Dropout(0.5))
model.add(Dense(nb_classes, activation='softmax'))
model.compile(loss=categorical_crossentropy,
              optimizer=Adam(learning_rate=0.01),
              metrics=['accuracy'])

victim_classifier = KerasClassifier(model,
                                    clip_values=(0, 1),
                                    use_logits=False)
# 汚染されたデータでモデルを訓練する
victim_classifier.fit(X_train, y_train, nb_epochs=30, batch_size=128)

# 汚染されていないデータに対するスコアを表示する
clean_X_test = X_test[is_poison_test == 0]
clean_y_test = y_test[is_poison_test == 0]

clean_preds = victim_classifier.predict(clean_X_test)
acc = np.sum(np.argmax(clean_preds, axis=1)
    == np.argmax(clean_y_test, axis=1)) / len(clean_y_test)
print('\nAccuracy on clean test examples: {}%'.format(acc * 100))

# 汚染されたデータに対するスコアを表示する
poison_X_test = X_test[is_poison_test]
poison_y_test = y_test[is_poison_test]

poison_preds = victim_classifier.predict(poison_X_test)
acc = np.sum(np.argmax(poison_preds, axis=1)
    == np.argmax(poison_y_test, axis=1)) / len(poison_y_test)
print('\nAccuracy on poisoned test examples: {}%'.format(acc * 100))

# データ全体に対するスコアを表示する
clean_correct = np.sum(np.argmax(clean_preds, axis=1)
                       == np.argmax(clean_y_test, axis=1))
poison_correct = np.sum(np.argmax(poison_preds, axis=1)
                        == np.argmax(poison_y_test, axis=1))
```

```
total_correct = clean_correct + poison_correct
total = len(clean_y_test) + len(poison_y_test)
total_acc = total_correct / total

print("\nOverall accuracy on test examples: {}%".format(total_acc * 100))
```

実行結果を見ると、いずれのスコアも95%以上となっていることだろう。これはつまり、モデルが正常なデータもトリガーを含んだデータも正しく分類できていることを意味する。具体的にトリガーを確認するには、次のコードを実行する。

```
import matplotlib.pyplot as plt
%matplotlib inline

c = 1 # プロット対象のクラス
i = 0 # 画像の添字

c_idx = np.where(np.argmax(poison_y_test,1) == c)[0][i]

plt.imshow(poison_X_test[c_idx].squeeze())
plt.show()

print('Prediction: {}'.format(np.argmax(poison_preds[c_idx])))
```

これにより、画像の右下に埋め込まれたトリガーを確認できる（**図8-4**）。また、モデルの予測したラベルは、画像が0のように見えるにもかかわらず1となっていることだろう。

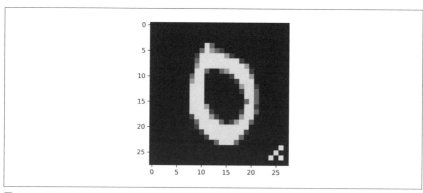

図8-4　BadNetsによりトリガーが埋め込まれた画像

8.5.2 Activation Clustering

Activation Clusteringは、BadNetsなどの手法によって埋め込まれたトリガーの検知を目的とした手法である。この手法は、同じクラスに属するデータでも、トリガーの有無によってニューラルネットワークの判断基準、すなわち活性化関数の振る舞いが変わるという直感のもと成り立っている。その原理は次のとおりだ。

1. 汚染されている可能性のある訓練データを用いてモデルを訓練する
2. 訓練データに含まれる各サンプルについて、モデルの活性化関数の出力を記録する
3. 記録した活性化関数の出力に対して次元削減を施し、次いでクラスタリング[†24]を施す

その名のとおり、といったところか。クラスごとのクラスタリング結果を見ていくことで、どのデータが汚染されているかを確認できる。実践するには次のコードを実行する。

```python
# 防御手法をインポートする
from art.defences.detector.poison import ActivationDefence

defence = ActivationDefence(victim_classifier, X_train, y_train)

# PCAで次元削減を施したのち、2つのクラスタに分割する
report, is_clean_lst = defence.detect_poison(nb_clusters=2,
                                             nb_dims=10,
                                             reduce='PCA')

[clusters_by_class, _] = defence.cluster_activations()

# 指定したクラスのデータのクラスタリング結果をプロットする関数を定義する
def plot_class_clusters(sprites_by_class, n_class, n_clusters):
    for q in range(n_clusters):
        plt.figure(1, figsize=(25,25))
        plt.tight_layout()
        plt.subplot(1, n_clusters, q+1)
        plt.title('Class '+ str(n_class)+ ', Cluster '+ str(q),
                  fontsize=40)
        sprite = sprites_by_class[n_class][q]
```

[†24] 類似度をもとにデータをグルーピングする手法。

```
        plt.imshow(sprite, interpolation='none')

# 訓練データをクラスごとに分割し、
sprites_by_class = defence.visualize_clusters(X_train, save=False)
# ここではクラス1に対するクラスタリング結果をプロットする
plot_class_clusters(sprites_by_class, 1, 2)
```

このコードを実行すると、クラス1に対するクラスタリング結果がプロットされる
（**図8-5**）。クラスタ1の大半は（ニューラルネットワーク訓練者の期待どおり）手書
き数字の1であるのに対して、クラスタ0の大半は右下にトリガーが埋め込まれた手
書き数字0で占められている。つまり、クラスタ0に含まれるデータはバックドアだ
ということだ。このように、Activation Clusteringを駆使すれば、汚染されているか
もしれないニューラルネットワークの分析が容易になる。

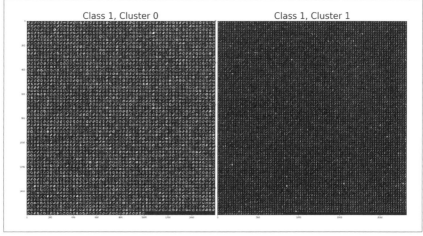

図8-5　Activation Clusteringの結果。左側に描画されているClass 1, Cluster 0に含まれる画像には
　　　　トリガーが埋め込まれている

今回は幸いトリガーが目視可能であったため、Activation Clusteringによるクラス
タリング結果を適切に解釈できた。だが、人間が気づきにくいトリガーを埋め込む
研究も存在する[25]。そう、Adversarial Exampleをトリガーとして使えばよいのだ。

---

[25]　Zhu et al. 2019. Transferable Clean-Label Poisoning Attacks on Deep Neural Nets. arXiv:1905.05897.

防御手法、そして人間の認知能力を過信しないよう留意されたい。

8.6　まとめ

本章では機械学習システムを取り巻く脅威を紹介し、転移攻撃、回避攻撃、汚染攻撃のそれぞれを実例を交えて説明した。中でも回避攻撃の一種である Adversarial Example は広く知られているが、それ以外にもさまざまなアタックサーフェイスや攻撃手法、さらにはその対策が存在することをご理解いただけたかと思う。本章が機械学習のセキュリティを考えるうえでの道標となれば幸いである。

今後も新たな攻撃の問題設定や手法が編み出されていくだろうし、機械学習の応用が進むにつれて、攻撃の応用もまた進んでいくことだろう。次章ではこの応用という観点から、マルウェア検知というドメインにおける攻撃の実現可能性を掘り下げていく。

8.7　練習問題

この章に練習問題はない。

9章
深層強化学習による
マルウェア検知器の回避

黒米 祐馬

本章は日本語版オリジナルの記事である。本章は原著の「Chapter 9: Bypass Machine Learning Malware Detectors（機械学習を用いるマルウェア検知器の回避）」の主旨はそのままに増補・改訂を施したものであり、機械学習を用いるマルウェア分類器を機械学習をもって回避する方法を詳述する。前章の「8章 機械学習システムへの攻撃」をより現実的な事例に敷衍した内容を扱うため、本章を読み進める前に前章を読了されることを推奨する。本章では次のトピックを扱う。

- 実世界のアンチウイルス製品に存在した問題
- 機械学習を用いるマルウェア検知器MalConv
- PEファイルフォーマットの基礎知識
- pefileを用いたPEファイルの改変
- マルウェア検知を機械学習によって回避するには
- 深層強化学習の基礎知識
- OpenAI GymとKeras-RLを用いたMalConvの回避

9.1 実世界のアンチウイルス製品に存在した問題

本書の3章や4章でも扱ってきたように、マルウェアの検知や分類への機械学習の応用は一般的になりつつある。アンチウイルス業界に目を向けてみると、機械学習を用いている製品は枚挙にいとまがない。大手から新興ベンダーの誰もが機械学習を活

用して最新の脅威に対処しようとしており、いくつもの成功事例が生まれている[†1]。しかし、前章で示したように、機械学習システムもコンピュータシステムである以上、攻撃の対象となりうるという側面を持つ。

　機械学習システムが攻撃を免れるわけではないという現実を突きつける例こそが、あるアンチウイルス製品が特徴量の改変によって回避されたという実験結果である[†2]。この製品はスキャン対象のファイルから抽出した特徴量をアンサンブル学習モデルを用いて分類していた。まず攻撃者は当該製品をリバースエンジニアリングして、その機械学習モデルが、暗号化されたリソースとしてローカル端末上のファイルに格納されており、製品の実行時に復号されることを突き止めた。次に、そのモデルが分類を行う前処理として、アンサンブル学習の処理とは別にクラスタリング処理が存在することを特定した。ここでは、ファイルが特定のゲームソフトに近い特徴量を持っていた場合に、それを良性ファイルとして識別する処理、すなわちホワイトリストの処理が行われていた。そして、攻撃者はこの処理において、ファイルに含まれる文字列が特徴量に大きく寄与していることを特定した。その結果として、攻撃者は良性ファイルが用いる文字列をファイルに追加し、Dridex、Gh0stRAT、そしてZeusといった悪名高いマルウェアを首尾よく良性ファイルに見せかけることに成功したのだ。製品ベンダーはこの実験結果を受けて、弥縫策として特徴量の処理方法に変更を加えたが、同様の事例はセキュリティのいたちごっこの典型として今後も起こりうるだろう。

　読者が特定の製品に対してネガティブな印象を抱かないように付記すると、この問題は当該製品だけのものではない。また、機械学習を用いていようといなかろうと、アンチウイルス製品にはこのような攻撃の余地がある。この事例はたまたまその製品が改ざんの影響を受けやすい特徴量を用いていたために顕在化したが、リバースエンジニアリングによって重要視されている特徴量を推定し、マルウェアを改変するという攻撃のアプローチは他の製品に対しても通用する。本章ではこれから、MalConvというマルウェア分類器を題材に、こうした攻撃を実践するうえでの考え方を学ぶ。

[†1]　機械学習が特に功を奏した例として、Microsoft が悪名高いマルウェア Emotet の感染拡大を早期発見した事例（https://www.microsoft.com/security/blog/2018/02/14/how-artificial-intelligence-stopped-an-emotet-outbreak/）がある。

[†2]　Vulnerability Note VU#489481（https://kb.cert.org/vuls/id/489481/）や発見者の BSides Sydney'19 講演資料（https://skylightcyber.com/2019/07/18/cylance-i-kill-you/Cylance%20-%20Adversarial%20Machine%20Learning%20Case%20Study.pdf）も参照されたい。

9.2 機械学習を用いるマルウェア検知器MalConv

MalConv[†3]は畳み込みニューラルネットワークを用いたマルウェア分類器である。分類対象はWindowsのPE（Portable Executable）ファイルフォーマットに準拠したexeファイルやdllファイルだ。4章でも触れたように、畳み込みニューラルネットワークは、入力をベクトルにマッピングする埋め込み層、特定のウィンドウサイズでベクトルを分割した各局所領域にフィルターを適用する畳み込み層、各局所領域の代表値を抽出するプーリング層、各局所領域から抽出した特徴を統合する全結合層によって構成される。画像処理の場合、畳み込み層がエッジの抽出、プーリング層が位置ずれの補正兼画像の圧縮を担っていると思えばよい。MalConvが畳み込みニューラルネットワークを用いる動機は、畳み込み層とプーリング層によってPEファイルの特徴設計を自動化することにある。

　一般に、マルウェア検知には入念な特徴設計が欠かせない。代表的な例としてはPEファイルのヘッダ情報、バイト列のN-gram、文字列のBag-of-Words、そしてそれらの組み合わせがあげられる。しかし、こうした特徴設計はモデル設計者のドメイン知識を要求するうえに、特徴を見落としてしまう可能性が考えられる。たとえば、マルウェアのバイト列からN-gramを生成して分類に用いるという手法は古くから知られているが、マルウェアでは同一の処理やそれに紐づくバイトが検体によって異なる箇所に書かれていることがままある。したがってN-gramでは実行ファイル中のバイトの位置ずれを十分にとらえきれないとMalConvの著者らは指摘する。そこでMalConvは、埋め込み層によって各バイトを固定長のベクトルにマッピングし、プーリング層によってバイト列の位置変動をとらえることで、この問題に対処する。結果として、MalConvはN-gramやPEヘッダのみを用いたモデルよりも高い精度を達成し、マルウェア検知モデルのベースラインとして用いられるようになりつつある[†4]。

　MalConvのソースコード[†5]を次に示す。MalConvはPyTorchというライブラリを用いて書かれているため、ここではPyTorchの記法も説明する。PyTorchでニューラルネットワークを作成するには`torch.nn.Module`を継承したクラスを作成し、そ

[†3]　Raff et al. 2017. Malware Detection by Eating a Whole EXE. arXiv:1710.09435.

[†4]　とはいえMalConvは良性ファイルの誤検知が極めて多い。研究の概念実証コードにありがちだが、ホワイトリストやデータセット規模の水準において、MalConvはプロダクションレベルのものではない点は留意されたい。前述した製品はホワイトリスト機能から攻略されてしまったが、実運用上は誤検知を削減するためにホワイトリストのような機能追加は避けて通れない。

[†5]　endgameinc/malware_evasion_competition（https://github.com/endgameinc/malware_evasion_competition）より引用、改変。

の__init__メソッド内にネットワークの層を、forwardメソッド内に層間の計算
を定義する必要がある。MalConvでは、この__init__で埋め込み層、畳み込み層、
プーリング層、そして全結合層を順番に定義している。また、forwardでそれらの計
算を定義している。コメントを参照しつつ、ソースコードを眺めてほしい。

```python
import torch
import torch.nn as nn
import torch.nn.functional as F
import numpy as np

# PyTorchでは、torch.nn.Moduleクラスを継承して独自のネットワークを作成する
class MalConv(nn.Module):
    # ニューラルネットワークの層を定義する
    def __init__(self, out_size=2, channels=128, \
            window_size=512, embd_size=8):
        # nn.Module内の初期化関数を実行する
        super(MalConv, self).__init__()

        # 埋め込み層。各入力バイトを8次元ベクトルにマッピングする
        self.embd = nn.Embedding(257, embd_size, padding_idx=0)

        # 1次元の畳み込み層2つ
        self.window_size = window_size
        self.conv_1 = nn.Conv1d(embd_size, channels,
            window_size, stride=window_size, bias=True)
        self.conv_2 = nn.Conv1d(embd_size, channels,
            window_size, stride=window_size, bias=True)

        # プーリング層
        self.pooling = nn.AdaptiveMaxPool1d(1)

        # 全結合層2つ
        self.fc_1 = nn.Linear(channels, channels)
        self.fc_2 = nn.Linear(channels, out_size)

    # 層間の計算を定義する
    def forward(self, x):
        # 入力を埋め込み層に与えた結果を得る
        x = self.embd(x.long())
        x = torch.transpose(x,-1,-2) # 行列の転置

        # 畳み込み層1の結果を得る
        cnn_value = self.conv_1(x)

        # 畳み込み層2の結果を取得し、シグモイド関数に掛ける
```

```
gating_weight = torch.sigmoid(self.conv_2(x))

# 積をとる
x = cnn_value * gating_weight

# プーリング層の結果を得る
x = self.pooling(x)

x = x.view(x.size(0), -1) # 平滑化

# 全結合層1の結果をReLU関数に掛ける
x = F.relu(self.fc_1(x))

# 全結合層2の結果を得る
x = self.fc_2(x)

return x
```

　このMalConvを訓練する際は、交差エントロピー関数によって訓練データのラベルとモデルの出力間の損失を計算し、その損失を最小化していく。今回は、4章でも用いたEMBERデータセット[†6]を用いて訓練済みのモデルを利用しよう。訓練済みモデルを用いてファイルを分類するコードは次に示すとおり。

```
MALCONV_MODEL_PATH = 'malconv.checkpoint'

class MalConvModel(object):
    def __init__(self, model_path, thresh=0.5, name='malconv'):
        # MalConvのロード
        self.model = MalConv(channels=256,
            window_size=512, embd_size=8).train()
        # 学習済みのモデルをロードする
        weights = torch.load(model_path,map_location='cpu')
        self.model.load_state_dict(weights['model_state_dict'])
        self.thresh = thresh
        self.__name__ = name

    def predict(self, bytez):
        # ファイルのバイト列を整数（0〜255）に変換する
        _inp = torch.from_numpy( \
            np.frombuffer(bytez,dtype=np.uint8)[np.newaxis,:])
        # MalConvの結果をソフトマックス関数に掛け、マルウェアらしさの確率を出力する
```

---

†6　endgameinc/ember（https://github.com/endgameinc/ember）

```python
with torch.no_grad():
    outputs = F.softmax(self.model(_inp), dim=-1)

# マルウェアらしさが閾値0.5を越えていたらマルウェアと判定する
return outputs.detach().numpy()[0,1] > self.thresh
```

では、このコードでマルウェアを分類してみよう。適当なPEファイル形式の検体
を sample.bin として用意して、MalConvにかけよう。のちほど改変することを踏
まえて、ここでの検体は一部のワームのようにシェルコードを通じて実行されるよう
なペイロードではなく、ダブルクリックして実行可能なPEファイルであることが望
ましい。

```python
# ファイルのバイト列を取得する
with open('sample.bin', 'rb') as f:
    bytez = f.read()

# MalConvModelを用いて分類する
malconv = MalConvModel(MALCONV_MODEL_PATH, thresh=0.5)
print(f'{malconv.__name__}:  {malconv.predict(bytez)}')
```

MalConv は与えたファイルがマルウェアなら True を、良性ファイルなら
False を返す。Jupyter Notebook または Google Colaboratory でセルを実行する
と malconv: True と表示される。この結果は、MalConvが与えたマルウェアを正
しく分類できていることを意味する。

9.3　Machine Learning Static Evasion Competition

では、MalConvは盤石だろうか。2019年に産業系セキュリティ会議DEF CONの
AI Villageというイベントにおいて、Machine Learning Static Evasion Competition
という競技が実施された[†7]。競技では、MalConvを含む3種類のマルウェア分類器
を回避するように、与えられたマルウェアを作り変える方法を競った。マルウェアと
して判定されるWindowsの実行ファイルが渡され、それを良性ファイルとして判定

---

†7　主催者によるプレスリリース
　　https://www.elastic.co/jp/blog/machine-learning-static-evasion-competition

されるように作り変えるのだ。ここでのレギュレーションは次の3点だ。

- マルウェアの機能を保持する。与えられたマルウェアが動かなくなってしまう改変方法は無効となる
- 自己解凍書庫やドロッパー（ダウンローダー）を用いてはならない。今回の競技で扱う分類器は静的解析によって得られる特徴しか用いない。したがって、ファイルの暗号化など、動的解析を用いなければ太刀打ちできない改変方法は反則として無効となる
- 機械学習モデルやそのソースコードから得られる情報を利用してよい。すなわち、ホワイトボックス攻撃を実施してよい

この競技の結果として、さまざまな方法でMalConvを回避できることがわかっている[8]。アドホックなものからアルゴリズムを駆使したものまで、回避方法は多岐にわたるが、どの方法においても欠かせないのは次の2点を検討することだ。

改変方法
　Windows PEファイルの中でも改変しても実行に影響の与えない箇所と、その改変方法を把握する。

探索方法
　MalConvに`False`を返させる改変パターン（良性ファイルの特徴の追加、摂動など）を効率よく探索する。

前者を理解するには、PEファイルの内部構造と、その操作方法に関する知識が必要となる。また、後者への洞察を深めるには、敵対的機械学習の知識が必要となる。以降、順を追ってこれらを解説する。

9.4　PEファイルフォーマットの基礎知識

MalConvは最小限のドメイン知識によるマルウェア検知を実現した。その実装者

---

[8]　参加者によるWrite-upが公開されている。たとえば、https://towardsdatascience.com/evading-machine-learning-malware-classifiers-ce52dabdb713 や https://docs.google.com/document/d/1wnuatgt_9SKFb--x_C_ZYQD63ZeeFzAIyZrji-BVgh0/edit など。

や利用者は、実行ファイルのフォーマットを細部まで意識する必要はない。だが、攻撃者は依然としてファイルフォーマットに知悉している必要がある。なぜなら、ファイルを無差別に書き換えてしまうと、マルウェアの機能を保持できなくなるからだ。たとえば、前章で触れた Adversarial Example の生成手法を使うことにする。画像を対象とした Adversarial Example では、すべてのピクセルが変更可能だった。一方で、マルウェアの Adversarial Example では、その実行に影響を与えない箇所にのみ変更を加える必要があるのだ。

　では、実行に影響を与えない箇所とはどこだろうか。その答えを得るために、3章で概観した PE ファイルの基本構造を深堀りしよう。今回扱う Windows の実行ファイル（.exe、.dll、.sys、そして.ocx など）は、PE（Portable Executable）ファイルと呼ばれ、PE ファイルフォーマットと呼ばれる特定のフォーマットに準拠している。われわれが Visual Studio のビルドボタンを押す裏側で、リンカーは PE ファイルフォーマットに沿ってオブジェクトを整形する。これによって PE ファイルが生成され、ローダーによって適切に解釈されるようになるのだ。

　さて、PE ファイルは複数のヘッダとセクションから構成される。各ヘッダにはローダーがファイルを適切にメモリにロードするために必要なファイル情報が、各セクションには実際のコードやデータが含まれている。大まかには、PE ファイルは次のヘッダから構成される。

DOSヘッダ

ファイルが実行可能形式であることを示す構造体。MS-DOS 上でファイルを実行した際に「This program cannot be run in DOS mode.」というメッセージを表示して終了するためのプログラムを含む。

PEヘッダ

ファイルが実行可能形式であることを示す構造体。セクション数 Number OfSections やコンパイル日時 TimeDateStamp といった情報を含む。

オプショナルヘッダ

コードセクションに存在するコードが実行時にどのようにメモリにロードされるかを示す構造体。コード全体のサイズ SizeOfCode、ファイルがロードされる仮想アドレス ImageBase（.exe ファイルのデフォルト値は0x400000）、ImageBase からコードセクションの開始位置へのオフセッ

ト[†9]BaseOfCode、ImageBaseから実行が開始されるアドレスであるエントリポイントへのオフセットAddressOfEntryPoint、メモリ上のセクション境界SectionAlignment（デフォルト値は0x1000）、ファイル上のセクション境界FileAlignment（デフォルト値は0x200）など、その名称に反してPEファイルの実行に不可欠な情報を含む。

データディレクトリ

APIなどの外部参照を管理する構造体。インポートセクションなどに存在する外部参照へのオフセットを含む。

セクションテーブル

各セクションのアドレスやサイズを示す構造体。各セクションの名称Name、各セクションがメモリにロードされた際の仮想サイズVirtualSizeと仮想アドレスVirtualAddress、各セクションの実ファイル上のサイズSizeOfRawDataとアドレスPointerToRawData、そして属性Characteristicsを含む。

これらのうち、DOSヘッダ中の文字列「This program cannot be run in DOS mode.」やPEヘッダ中のコンパイル日時TimeDateStamp、そしてオプショナルヘッダ中の一部の予約済みメンバーReserved1やチェックサムCheckSumなどは、マルウェアがこれらに依存した動作をしていない限り、書き換えても実行に影響を与えない。実際のマルウェアでは、タイムスタンプの改変がよく見られる[†10]。

また、メモリ上のセクション境界とファイル上のセクション境界が異なる点には注意が必要なので補足しておこう。実行ファイルの各セクションは、リンカーオプションから指定されたFileAlignmentの値の倍数になるアドレスを先頭として配置されていく。ディスクセクタの都合上、このデフォルト値は0x200なので、実行ファイルのセクションは原則的に512バイト単位で配置される。ここで、あるセクションのサイズを512バイトで割ったときに余りが存在した場合は、次のセクションまでの隙間としてゼロパディングされる。一方で、このファイルがメモリにロードされる際は、SectionAlignmentの値の倍数となるアドレスを先頭として配置される。OSのページサイズの都合上、このデフォルト値は0x1000なので、セクションは4096バイト単

[†9]　ベースアドレスからのオフセットを厳密には相対仮想アドレス（RVA）と呼ぶ。

[†10]　MITRE Corporation. Indicator Removal on Host: Timestomp | MITRE ATT&CK. (https://attack.mitre.org/techniques/T1070/006/)

位でロードされることになる。これらの性質は、利用可能なメモリを十分確保しつ
つ、ファイルサイズは削減したいという発想のもとOSが発展してきた歴史的経緯を
反映している。

　PEファイルは原則的に次のセクションを含む。

コードセクション

　　実行コードを含む。

インポートセクション

　　リンクされた外部参照を含む。

データセクション

　　文字列やグローバル変数などのデータを含む。

いずれについても、すでに存在するバイトを安易に書き換えるのは好ましくない。
実行に影響を与えてしまう可能性が否定できないからだ。では、どうするか。次のよ
うな方法がよく使われる。

オーバーレイの追加

　　セクションテーブルで管理されていない領域をオーバーレイという。オーバー
　　レイがファイルに含まれていても、それがメモリにロードされることはない。
　　したがって、オーバーレイはファイルの実行に影響を与えない。これを作成す
　　るには、ファイルの末尾からセクションテーブルの管理範囲外に適当なデータ
　　を追加してやればよい。

コードケイブの悪用

　　上述のとおり、各セクションの末尾を始め、ファイル中の各地にはゼロパディ
　　ングされた領域が存在する。この領域をコードケイブという。ここにコードや
　　データを追加しても、参照が存在しない限りはファイルの実行に影響を与えな
　　い。ただし、時としてコードケイブのように見えるもののプログラムの実行に
　　使われる領域が存在するため、注意が必要である。

セクション名の変更

　　セクションテーブル中に存在する8バイトの各セクション名Nameは好きに書
　　き換えてしまってよい。

セクションの追加

PEヘッダの`NumberOfSections`や、セクションテーブルの各エントリを適切に更新してやれば、新たにセクションを追加してもファイルの実行に影響を与えない。追加したセクションはメモリにロードされる点でオーバーレイとは異なる。新たに追加したセクションの未使用領域もまたコードケイブといえる。

コードケイブはしばしばペネトレーションテストやレッドチームにおいて実行ファイルにシェルコードを追加したバックドアを作成するために用いられる。また、セクションの追加はパッカーの実装に頻出する。たとえば、最も有名なパッカーであるUPX[†11]では、既存のセクションを圧縮したセクションと、圧縮したセクションを解凍するセクションを作成して、エントリポイント`AddressOfEntryPoint`を解凍処理を指すように書き換えている。今回はレギュレーション上、コードセクションの圧縮や暗号化をしてはならないため、UPXと同じ手段は使えないが、新たなセクションの追加自体は問題ないだろう。なおUPXの場合は追加したセクションからコードを実行するのでオプショナルヘッダの`BaseOfCode`や`SizeOfCode`なども書き換えるが、実行されないセクションを追加する場合はオプショナルヘッダを更新する必要はない。

これでPEファイルの構成と、書き換え可能な箇所を把握できた。ただし、ここであげたPEファイルフォーマットの情報はあくまで概要であるから、より詳細を知りたい読者はMicrosoftの公式ドキュメント[†12]などを参照してほしい。

9.5　pefileを用いたPEファイルの改変

これまであげてきた方法を実践するためにはPEファイルを扱える道具が必要となる。PEファイルをパースできるツールやライブラリはいくつか存在するが、Pythonモジュールとして有望なのは、3章でも使用したpefileとLIEFの2つである。pefileはPythonからPEファイルを扱う際のデファクトスタンダードとして知られており、その名のとおりPEファイルの解析に特化している。一方、LIEFはPEファイルのみならずELFやMach-Oにも対応している。どちらのモジュールも、PEファイルを読み込んでオブジェクトを生成し、そのインスタンス変数として各ヘッダや各

[†11]　UPX: the Ultimate Packer for eXecutables（https://upx.github.io/）
[†12]　Microsoft. PE Format（https://docs.microsoft.com/en-us/windows/win32/debug/pe-format）

セクションへのアクセスを提供しており、書き換えたオブジェクトは再度 PE ファイルとして書き出すことができる。LIEF は異なるプラットフォームの実行ファイルを統一的なインタフェースで操作できる点を強みとしているが、執筆当時はセクションの書き換えなどの点で安定しておらず、PE ファイルの改変という用途では pefile に軍配が上がる。したがって、本章では pefile を用いて PE ファイルを改変していく。ただし、本質的にはどちらもできることはそう変わらないので、状況に応じて適宜取捨選択してほしい。

では、pefile を用いてファイルを解析してみよう。

```python
from pefile import *

# PEインスタンスを作成する
pe = PE('sample.bin')

# 生のバイト列にはメモリマップドファイルとしてアクセスできる
# ここでは、DOSヘッダの冒頭に含まれる文字列「MZ」を取得する
print(pe.__data__[0:2])

# PEヘッダとそのメンバーにはFILE_HEADERからアクセスできる
print('NumberOfSections is {0}'.format(pe.FILE_HEADER.NumberOfSections))

# オプショナルヘッダとそのメンバーにはOPTIONAL_HEADERからアクセスできる
print('AddressOfEntryPoint at 0x{0:08x}'.format(pe.OPTIONAL_HEADER.AddressOfEntryPoint))

# データディレクトリはそれぞれDIRECTORY_ENTRY_IMPORT、
# DIRECTORY_ENTRY_DEBUGなどからアクセスできる
# ここでは、インポート関数のデータディレクトリから
# インポートしているDLLとそのAPIを列挙する
for entry in pe.DIRECTORY_ENTRY_IMPORT:
    dll_name = entry.dll.decode('utf-8')
    print(dll_name)
    for func in entry.imports:
        try:
            print('\t{0} at 0x{1:08x}'.format(func.name.decode('utf-8'), func.address))
        except:
            pass

# セクションテーブルは各セクションのインスタンスとしてアクセスできる
# ここでは、各セクションの名前とPointerToRawDataを列挙する
# また、各セクションのデータをget_dataメソッドを通じて取得する
for section in pe.sections:
    print(section.Name.decode('utf-8'))
    print('\tPointerToRawData at 0x{0:08x}'.format(section.PointerToRawData))
    print('\t{0} ...'.format(section.get_data()[0:10]))
```

必要な処理はたったこれだけだ。この実装を少し拡張してクラス化すると、次のようになる[13]。

```python
import datetime

class PEManipulator(PE):
    def __init__(self, name=None, data=None, fast_load=None):
        super(PEManipulator, self).__init__(name, data, fast_load)

    def reset_timestamp(self, new_timestamp_str=None):
        # 指定された日時の文字列をUNIX時間に変換する
        if new_timestamp_str == None:
            new_timestamp_str = datetime.datetime.now().strftime( \
                '%Y-%m-%d %H:%M:%S')
        new_timestamp = int(time.mktime(time.strptime( \
            new_timestamp_str, '%Y-%m-%d %H:%M:%S')))
        # 当該UNIX時間でTimeDateStampを上書きする
        self.FILE_HEADER.TimeDateStamp = new_timestamp
        return

pe = PEManipulator('sample.bin')
pe.reset_timestamp(new_timestamp_str='2020-01-01 00:00:00')
pe.write('sample_modified.bin')
```

このクラスでは pefile.PE を継承しており、透過的にその機能を呼び出せるうえに新たに追加したファイル改変処理を実行できる。この調子で、ランダムに生成したバイト列をオーバーレイとして追加する処理と、各セクションからコードケイブを探索し、ランダムに生成したバイト列でそれを上書きする処理を実装してみよう。

```python
class PEManipulator(PE):
    def __init__(self, name=None, data=None, fast_load=None):
        super(PEManipulator, self).__init__(name, data, fast_load)
        # コードケイブのアドレスとサイズを記録する辞書を初期化する
        self.code_cave_dict = {}

(…略…)
    def add_overlay(self, upper=255, overlay=None):
        # 書き込むサイズを設定する
```

---

[13] このクラスの実装は endgameinc/gym-malware (https://github.com/endgameinc/gym-malware) を参考にしている。ただし、元の実装がモジュールに LIEF を採用しているのに対して、本書では pefile を採用している。

```python
        L = 2**random.randint(5, 8)
        # 追加データを指定しない場合、
        # 指定された文字コードとサイズの範囲でランダムなデータを生成する
        if overlay == None:
            overlay = bytes([random.randint(0, upper) for _ in range(L)])
        # ファイルの末尾にデータを追記する
        self.__data__ = (self.__data__[:-1] + overlay)

        return

    def find_code_cave(self, min_cave_size=100):
        # セクションごとにコードケイブを探索する
        for section in self.sections:
            code_cave_offset = 0
            code_cave_size = 0

            # セクションに含まれるデータを取得する
            data = section.get_data()

            for i, byte in enumerate(data):
                code_cave_offset += 1

                # 現在のデータが0x00ならコードケイブの候補とする
                if byte == 0x00:
                    code_cave_size += 1
                    continue

                # コードケイブの候補が一定のサイズ以上連続している場合、
                elif code_cave_size > min_cave_size:
                    # ヒューリスティック：コードケイブの候補間に
                    # わずかなデータがあればコードケイブではないと判断し、
                    # そうでなければコードケイブであると判断する
                    if i < len(data)-1 and data[i+1] == 0x00:
                        break

                    # ファイル上のコードケイブの起点となるアドレスを取得し、
                    code_cave_address = section.PointerToRawData \
                            + code_cave_offset - code_cave_size - 1
                    # コードケイブの起点アドレスとコードケイブのサイズを登録する
                    self.code_cave_dict.update({code_cave_address:
                            code_cave_size})

                code_cave_size = 0

        return

    def add_code_cave(self, upper=255, min_cave_size=100, code_cave=None):
```

```python
        # コードケイブ辞書が空の場合、コードケイブを探索する
        if self.code_cave_dict == {}: self.find_code_cave(min_cave_size)
        try:
            # コードケイブ辞書からランダムに1件取得する
            code_cave_address, code_cave_size = \
                random.choice(list(self.code_cave_dict.items()))
            L = code_cave_size
            # 追加データを指定しない場合、
            # 指定された文字コードとサイズの範囲でランダムなデータを生成する
            if code_cave == None:
                code_cave = bytes([random.randint(0, upper) \
                    for _ in range(L)])
            # 追加データを指定する場合、
            # サイズの範囲に収まるように切り詰める
            else:
                code_cave = code_cave[0:L]
            # 起点となるアドレスからコードケイブを追記する
            self.set_bytes_at_offset(code_cave_address, code_cave)
        except: # 辞書が空の場合は何もしない
            pass

        return

pe = PEManipulator('sample.bin')
pe.add_overlay()
pe.add_code_cave()
pe.write('sample_modified.exe')
```

これでPEManipulatorクラスのメソッドとして、コンパイル日時の改変 reset_timestamp、オーバーレイの追加 add_overlay、そしてコードケイブの悪用 add_code_cave が実行できるようになった。いずれもデフォルトでは適当なデータを、引数で明示的に指定した場合はそのデータを使って対象箇所を更新できるようにしている。

このようなクラスを作成しておけば、新たな改変方法を思いついた際にすぐ反映できる。すでに実装したもの以外にも、上述のとおりオプショナルヘッダやセクションテーブルの一部は実行に影響を与えずに改変可能であるため、好みの改変方法をここに追加していくとよいだろう。

その一例として、本書のサンプルコードには偽のインポート関数を追加するメソッド add_fake_imports を追加しておいた[†14]。このメソッドは、次のステップから構

[†14] このメソッドは pefile の拡張版である pebutcher (https://github.com/hegusung/pebutcher) の実装を大いに取り入れている。ここに謝意を述べたい。

成される。

1. 新たなセクションを作成する
2. 作成したセクション中に既存のインポートセクションの内容をコピーし、指定されたインポート関数への参照を追記する
3. 作成したセクションの情報をセクションテーブルに登録する
4. データディレクトリを作成したセクションで上書きする

このメソッドを使えば、本来使われないAPIがあたかもリンクされているかのように見せかけられる。この手法はパッカーがインポート関数を書き換える手口を参考にしたものだが、コードセクションは改変しないため競技のレギュレーションから逸脱しない。いささか実装が複雑なうえ、本書の主旨はパッカーが用いる技術を詳細に解説することではないので紙面での説明は行わないが、興味のある方はソースコードを参照してほしい。

さあ、これで改変方法と探索方法のうち、前者は十分だろう。後者の検討に移ろう。

9.6　マルウェア検知を機械学習によって回避するには

前章では、機械学習モデルの出力を誤らせる方法として、Adversarial Exampleの生成手法を紹介した。また、攻撃にはホワイトボックス攻撃・ブラックボックス攻撃という問題設定が存在することに触れた。今回の競技のレギュレーションでは、与えられる訓練済みモデルから得られる情報を自由に利用してよい。すなわち、マルウェアか否かの判定結果だけでなく、マルウェアらしさの確率や勾配情報を攻撃に利用してよい。したがって、ホワイトボックス攻撃が有望な選択肢となる。

ここで、このようなAdversarial Exampleの手法をマルウェア分類器の回避に適用した事例を紹介しておこう。まずは、MalConvのようにPEファイルの静的な特徴を用いた分類器に対するホワイトボックス攻撃に触れる。上述したように、PEファイルフォーマットから逸脱する改変をマルウェアに与えてしまっては攻撃は成立しない。まず考え出されたのは、オーバーレイを追加する手法[†15]である。しかし、一部のマルウェア分類器は、入力となるファイルバッファのうち一定のサイズ以内の

[†15] Kolosnjaji et al. 2018. Adversarial Malware Binaries: Evading Deep Learning for Malware Detection in Executables. EUSIPCO'18.

箇所のみを検知に用いる[†16]。オーバーレイがこの入力サイズ制限を超過してしまう
と、そこにいくら分類器の損失を最大化させるノイズが載っていようと効力を持た
ない。そこで考え出されたのがコードケイブを悪用する手法[†17]である。これによっ
て、分類器の入力サイズ制限を回避できるようになる。また、偽のインポート関数を
たった2つ追加しただけでファイルを良性ファイルに見せかけることができたという
報告[†18]もある。これらの手法で用いられているPEファイルの改変方法は、上述し
たコードで実現できる。

　加えて、PEファイル以外を入力とする分類器を対象としたブラックボックス攻撃
の事例も存在する。チャレンジングな例としては、PEファイルではなくそれが呼び
出したAPI列をもとにマルウェアを検知する分類器に対して、ブラックボックス攻撃
を実現した研究[†19]があげられる。この研究では、ブラックボックスモデルの出力を
もとにサロゲートモデルを訓練し、API列の中からサロゲートモデルの出力に大きく
寄与するAPIを特定することで攻撃を成立させている。

　こうしたAdversarial Exampleに基づく探索方法は、ホワイトボックス攻撃にせよ
ブラックボックス攻撃にせよ、前章で実装したコード（探索方法）と本章で実装した
コード（改変方法）を統合することで実現できる。この実践は読者への宿題とすると
して、次に新たなトピックとしてAdversarial Example生成手法以外の方法に触れた
い。この具体例として、深層強化学習を用いたブラックボックス攻撃[†20]があげられ
る。この手法を理解するには、まず深層強化学習の概要を把握し、そのうえでこれま
で実装してきたマルウェアの改変方法と深層強化学習がどのように統合できるかを知
る必要がある。そこで、以降は順を追ってこれらを解説する。

9.7　深層強化学習の基礎知識

　深層強化学習とは、強化学習という問題をディープラーニングを用いて解く手法の
ことだ。まず強化学習という問題設定に触れ、続いて深層強化学習の手法を説明し
よう。

[†16]　実はMalConvの原論文でも、入力が2MB以上の場合に超過分を切り捨てている。

[†17]　Suciu et al. 2019. Exploring Adversarial Examples in Malware Detection. SPW'19.

[†18]　Huang et al. 2019. Malware Evasion Attack and Defense. arXiv:1904.05747. この手法はGrosse et al.
2017. Adversarial Examples for Malware Detection. ESORICS'17. に基づく。

[†19]　Rosenberg et al. 2017. Generic Black-Box End-to-End Attack Against State of the Art API Call Based
Malware Classifiers. RAID'17.

[†20]　Anderson et al. 2017. Bot vs. Bot: Evading Machine Learning Malware Detection. Black Hat USA'17.

9.7.1　問題設定

　強化学習とは、ある**環境**における行動の主体（**エージェント**）が、刻々と変化する**状態**に対して選択した**行動**に応じて**報酬**を得るとして、初期状態からゴールまでの**エピソード**における累積報酬を最大化するような**方策**をどのように発見するかという問題である。この形式に落とし込むことができれば、解きたい問題はどのようなものであってもかまわない。

　たとえば、いまや過去の話となるが、囲碁のトッププレイヤーを人工知能が下したとして一躍話題となったAlphaGoでは、囲碁の盤面を状態、どの手を打つかを行動、対戦結果を報酬とした問題を深層強化学習によって解いている。ここで獲得される方策は、囲碁のいわゆる手筋に相当する。マルウェア分類器の回避をこの形式に落とし込むならば、現在のマルウェア検体から取得できる特徴ベクトルを状態、どのマルウェアの改変方法を選択するかを行動、マルウェア分類器から出力されるスコアを報酬とした問題を考えればよい。ここで獲得される方策は、どのような順番でマルウェアを改変すれば効率的に検知を回避できるかにあたる。

　強化学習の問題設定をもう少し掘り下げよう。強化学習のエージェントは次の繰り返しによって訓練を進める。

- 時刻 t における状態 $s_t \in S$ を観測する
- 行動 $a_t \in A$ を選択する
- 報酬 $r_t \in R$ と次の状態 $s_{t+1} \in S$ を受け取る
- $t \leftarrow t+1$

　ここでの注意点が2点ある。1点目は、報酬と新たな状態が、現在の状態と行動によってのみ決まることにしている点だ。言い換えれば、より過去の状態や行動が報酬に波及するとは考えずに環境をモデル化している。2点目は、状態が正確に観測できることを前提としている点だ。こうした環境の状態遷移のモデルを有限マルコフ決定過程という。

　さて、この条件下で累積報酬を最大化することを考える。強化学習では一般に、次の**割引報酬和**として累積報酬を定式化する。

$$R_t = r_{t+1} + \gamma r_{t+2} + \gamma^2 r_{t+3} + \dots$$

　ここで登場する $\gamma \in (0, 1]$ は割引率と呼ばれるハイパーパラメータである。ただ各

時刻の報酬の総和をとるのではなく、割引率を導入する理由を述べよう。ある状態に対して、直近は低い報酬しか得られないが将来は高い報酬を得られるような行動が存在しうる。そこで、割引率によって直近の報酬と将来の報酬のどちらを重視するかを決めるというわけだ。もし $\gamma = 0$ なら直後の報酬のみを考えることになり、もし $\gamma = 1$ なら将来の報酬すべてを直後の報酬と等価値におくことになる。

この累積報酬は、どのような状態に対してどの行動を選択したかによって変わってくる。したがって、状態や行動の**価値**を考える必要がある。状態に対して行動を選択する方策 $\pi : S \rightarrow A$ を導入して、状態と行動の価値を考えてみよう。まず、状態の価値を**状態価値関数**として考える。

$$V^{\pi}(s) = \mathbb{E}_{\pi}\{R_t \mid s_t = s\}$$
$$= \mathbb{E}_{\pi}\{r_{t+1} + \gamma r_{t+2} + \gamma^2 r_{t+3} + \ldots \mid s_t = s\}$$

この式は、状態 s が与えられ、以降は方策 π に従った場合の累積報酬の期待値を意味する。このように強化学習では累積報酬の期待値 $\mathbb{E}$ で価値を表現する。これにより、各状態の価値を扱えるようになった。たとえば、マルウェアが難読化されている状態 $V(s = \text{obfuscated})$ と、難読化されていない状態 $V(s = \text{unobfuscated})$ とでは、$V(s = \text{obfuscated}) > V(s = \text{unobfuscated})$ となる。

続いて、行動の価値を**行動価値関数**として定式化しよう。

$$Q^{\pi}(s, a) = \mathbb{E}_{\pi}\{R_t \mid s_t = s, a_t = a\}$$
$$= \mathbb{E}_{\pi}\{r_{t+1} + \gamma r_{t+2} + \gamma^2 r_{t+3} + \ldots \mid s_t = s, a_t = a\}$$

この式は、状態 s で行動 a を選び、以降は方策 π に従った場合の累積報酬の期待値を意味する。これにより、各状態の価値のみならず、状態に対する行動の価値を扱えるようになった。たとえば、仮に偽のインポート関数の追加がオーバーレイの追加よりも検知率を低下させる、すなわち高い報酬を得る行動である場合は、$Q(s = \text{obfuscated}, a = \text{addfakeimports}) > Q(s = \text{unobfuscated}, a = \text{addoverlay})$ のようになるだろう。

これら V や Q、すなわち価値を最大化する方策を最適方策という。最適方策を π^* とおこう。この π^* を求めることが強化学習の目的となる。なお、有限マルコフ決定過程には、最適方策が少なくともひとつ存在することが知られている。では、どのように最適方策を求めるのだろうか。これまでさまざまな手法が提案されてきたが、それらは次の3種類に大別される。

方策ベース

最適方策 π^* を直接推定する。

価値ベース

最適方策 π^* のもとでの最適行動価値関数 $Q^*(s, a)$ を推定する。

モデルベース

環境の状態遷移確率がわかっている場合に、そのモデルから π や Q を計算する。

今回用いるのは価値ベースの手法である。価値ベースの手法としては SARSA や Q 学習などが存在するが、深層強化学習を用いたマルウェア検知回避の事例では、Q 学習にディープラーニングを取り入れた Deep Q-Network（DQN）を用いている。よって、以降は Q 学習と Deep Q-Network を説明する。なお現在では研究が進み、DQN の発展版や価値ベースでない深層強化学習の手法も多数提案されている。

9.7.2　Q学習

まず、Q学習を説明する。

準備として、状態価値関数の式変形を考える。ある状態の価値は、ある状態で行動を選択した直後に得られる報酬と、以降の価値の和となる。したがって、ある時点での状態価値関数は次の時点での状態価値関数を使って再帰的に表現できる。

$$V^\pi(s) = \mathbb{E}_\pi\{r_{t+1} + \gamma V^\pi(s_{t+1}) \mid s_t = s\}$$

この再帰的な関係式をベルマン方程式という。ここで、最適方策 π^* のもとでの最適状態価値関数 $V^*(s) = \max_\pi V^\pi(s) = V^{\pi^*}(s)$ と最適行動価値関数 $Q^*(s, a) = \max_\pi Q^\pi(s, a) = Q^{\pi^*}(s, a)$ には次の関係が成り立つ。

$$V^*(s) = \max_a Q^*(s, a)$$

上述の式変形、および最適状態価値関数と最適行動価値関数との関係を踏まえると、最適行動価値関数は次のように表現できる。

$$\begin{aligned}
Q^*(s, a) &= \mathbb{E}_{\pi*}\{r_{t+1} + \gamma V^*(s_{t+1}) \mid s_t = s, \, a_t = a\} \\
&= \mathbb{E}_{\pi*}\{r_{t+1} + \gamma \max_{a_{t+1}} Q^*(s_{t+1}, \, a_{t+1}) \mid s_t = s, \, a_t = a\}
\end{aligned}$$

このように、ベルマン方程式を用いて最適行動価値関数を再帰的に表現すると、π^*を直接求める代わりに$\pi^*(s) = \underset{a}{\mathrm{argmax}}\, Q^*(s, a)$として最適方策を推定できる。

やや話が込み入ってきたので自然言語でも表現しよう。ある時点における状態と行動の価値とは、次の時点における状態そして行動の価値を最大化する状態と行動である。言い換えれば、価値の高い状態を引き起こす行動は、その状態と同程度の価値を持っているとみなせるということだ。したがって、価値の高い状態を特定し、その状態を引き起こした行動に高い価値を与え、その行動を可能にした状態とその状態を引き起こした行動に高い価値を与え、……といった処理を繰り返すことで、どの状態と行動の組み合わせが良い方策となるのか推定できるのだ。

では、どのようにQ関数を推定すればよいのか。当然ながら、何も行動を起こしていない訓練の開始段階では、ある時点での行動の価値も、その次の時点での行動の価値も知る由がない。そこでQ学習では、まずQ関数の値（Q値）を初期化し、実際に行動をとりながら、Q値をその時点での最も良い値で更新していく。より具体的には、次の繰り返しによって訓練を進める。

- 時刻tにおける状態$s_t \in S$を観測する
- 現時点のQ値に基づいて行動$a_t \in A$を選択する。ただし、確率$1 - \varepsilon$でランダムに行動を選択する
- 報酬$r_t \in R$と次の状態$s_{t+1} \in S$を受け取る
- $Q(s_t, a_t) \leftarrow Q(s_t, a_t) + \alpha\left(r_{t+1} + \gamma \max_{a_{t+1}} Q(s_{t+1}, a_{t+1}) - Q(s_t, a_t)\right)$
- $t \leftarrow t + 1$

一度のエピソードですべての状態に対するすべての行動の価値がわかるわけではないから、エージェントは何度もエピソードを開始し、各エピソード内で何度も行動を選択する必要がある。

ここで、Q値の更新式に含まれている$r_{t+1} + \gamma \max_{a_{t+1}} Q(s_{t+1}, a_{t+1}) - Q(s_t, a_t)$をTD誤差という。TD誤差は行動した結果として推定されたQ値と、現在のQ値との差分である。もしTD誤差が0になれば、これ以上Q値を更新する必要はないということになる。すなわち、訓練が収束したとみなせる。

また、$\gamma \in (0, 1]$は先ほど説明したとおり割引率と呼ばれるハイパーパラメータであり、$\alpha \in (0, 1]$は学習率と呼ばれるハイパーパラメータである。学習率は、行動した結果を現在のQ値にどの程度反映させるかを決定する。もし$\alpha = 0$ならQ値を更

新することはなく、もし $\alpha = 1$ なら現在の Q 値をある行動の結果から推定した Q 値で常に更新するというわけだ。加えて、ε もハイパーパラメータである。常に Q 値に基づいていては、現在判明している中での価値の高い行動しかとることができない。つまりは、エージェントが同じ行動に固執するようになってしまう。この現象を回避するために、確率的な挙動が必要となるのだ。これらは適宜調整が必要となる点に留意されたい。特に、学習率 α と確率 ε は訓練が収束しかかっている段階では無用の長物となる。

これで、Q 学習の訓練方法をつかむことができた。

9.7.3　Deep Q-Network

Deep Q-Network（DQN）[21]は、ゲームプレイの自動化を念頭に Q 学習にディープラーニングを取り入れたものである。DQN を理解するには、なぜ Q 学習にディープラーニングを取り入れる必要があったのか、どのようにディープラーニングを取り入れたのかを知る必要がある。

まず前者について説明する。Q 学習では、すべての状態に対してすべての行動の価値を推定していた。これは離散的で小規模な状態空間、行動空間であれば十分に機能するが、ゲームや自動運転などの連続的かつ大規模な空間では破綻してしまう。たとえば、素朴に 600×800 ピクセルのグレースケール画像を状態として扱う場合、その状態の次元数は $256^{800 \times 600}$ と非常に膨大なものとなる。この状態数にさらに行動数をかけ合わせたデータ構造を逐次更新するのは現実的ではないだろう。そこで、すべての状態に対するすべての行動の価値を計算する代わりに、ニューラルネットワークを用いて状態に対する行動の価値を近似するという発想が生まれたのであった。

それでは後者について説明する。DQN では、状態を入力とし、その状態に対する各行動の Q 値を出力とするニューラルネットワークを考える。ネットワークのパラメータを θ とすると、近似したい行動価値関数は $Q(s, a; \theta) \approx Q(s, a)$ とおける。このために、先ほどから Q 学習の更新式に登場している $r_{t+1} + \gamma \max_{a_{t+1}} Q(s_{t+1}, a_{t+1})$ を訓練データ $y_t = r_{t+1} + \gamma \max_{a_{t+1}} Q(s_{t+1}, a_{t+1}; \theta_t)$ と見立て、損失を最小化していく。すなわち、近似した TD 誤差の最小化がニューラルネットワークの目的関数となる。

$$L(\theta_t) = \mathbb{E}\left\{(y_t - Q(s_t, a_t; \theta_t))^2\right\}$$

---

[21]　Mnih et al. 2015. Human Level Control Through Deep Reinforcement Learning. Nature'15.

Q学習もニューラルネットワークも、推定したい値との損失を最小化していくという点では共通であるし、両者を組み合わせる発想は自然なもので、1990年代から存在する。したがって、Q関数の近似にニューラルネットワークやディープラーニングを用いること自体は新しくはない。DQNの新しかった点は、ニューラルネットワークを導入した既存手法が抱えていた不安定性を克服したことにある。具体的には、次の4つの工夫点が盛り込まれている。

Experience Replay

Q学習では、状態・行動・報酬の系列を時系列順に訓練させていた。残念ながら、これには直近の系列に特化したパラメータをその都度学習してしまうという弊害があり、結果として学習の発散を招いていた。たとえば、あるゲームのステージ1から学習した方策を、ステージ2の学習中にステージ2でしか十分に機能しない方策で上書きしてしまうといったことが発生してしまうのだ。そこで、エージェントが経験した遷移 s_t, a_t, r_t, s_{t+1} をメモリ D に蓄積し、ランダムにサンプリングしたミニバッチを訓練に利用する。イメージとしては、すべてのステージから遷移をサンプリングしてどのステージにも対応できる方策を獲得するといった要領である。

Fixed Target Q-Network

訓練データ y_t はニューラルネットワークのパラメータ θ を含んでいる。これは、更新したいパラメータに依存してパラメータを更新することを意味するので、訓練中に y_t が $Q(s_t, a_t; \theta_t)$ に近づくことになり、結果として学習の発散を招いていた。そこで、定期的に θ_t を θ^- にコピーし、このパラメータを用いた訓練データ $y_t = r_{t+1} + \gamma \max_{a_{t+1}} Q(s_{t+1}, a_{t+1}; \theta^-)$ で訓練を進めるようにする。

報酬のクリッピング

たとえば、ゲームごとに得られるスコアを直接報酬として扱うと、各ゲームに特化した方策が学習されてしまう。そこで、報酬を $[-1, 1]$ などの範囲にクリップする。これにより、より汎用的な方策を学習できるようになる。

勾配のクリッピング

損失関数の勾配が大きくなりすぎると学習の発散を招く。そこで、二乗誤差関数の代わりに Huber 関数を損失関数として用いる。Huber 関数では、損失が

$[-1, 1]$ の範囲に収まる場合は二乗誤差の値を、損失がその範囲を超えた場合は損失の絶対値を損失とする。

これらの工夫によって、DQNでは大規模な空間に対するエージェントの安定的な訓練を実現した。

9.8　OpenAI GymとKeras-RLを用いたMalConvの回避

それでは実践に移ろう。提案者によるオープンソースの実装も存在するが、ここでは先ほどの`PEManipulator`クラスを踏まえて独自に実装を行うことで、手法の本質をより深く理解することを目指す。

DQNのような深層強化学習を用いたエージェントの実装には、OpenAI GymとKeras-RLがよく用いられる。OpenAI Gymは、さまざまな課題の環境を統一的なインタフェースから強化学習エージェントに与えることのできるモジュールである。一方で、Keras-RLは、Kerasの拡張としてDQNを含むさまざまな深層強化学習の手法を呼び出せるようにしたモジュールであり、OpenAI Gymと即座に連携できるようになっている。もし既存の問題設定に対して強化学習のアルゴリズムを改善したければ、Keras-RLを拡張し、OpenAI Gymに含まれる多種多様なベンチマーク問題を解くことで、提案手法のよしあしを測れる。反対に、もし既存の強化学習の手法で独自の問題を解くことに興味があれば、OpenAI Gymのインタフェースに沿ってその環境を実装し、Keras-RLに含まれる多種多様な手法でエージェントを学習させることで、その問題設定の妥当性を測れるというわけだ。

両者の位置付けを把握できたところで、Keras-RLでOpenAI Gymに備わった問題を解いてみよう。次のコード[22]を実行すると、強化学習におけるベンチマークとしてよく使われる倒立振子という問題設定のもとでDQN[23]のエージェントを訓練させることができる。倒立振子におけるエージェントの目的は、左右に揺れ動くカートの上に立つポールを倒れないようにカートを動かす方策を訓練することである。200ステップ間ポールを立て続けられればそのエピソードは成功、カートが画面端まで動

---

[22]　keras-rl/keras-rl（https://github.com/keras-rl/keras-rl/）より引用、改変。

[23]　厳密には、DQNの発展版のDouble DQNを用いている。Double DQNの詳細は本書では割愛する。Double DQNではなく、素のDQNを用いたい場合は`DQNAgent`を初期化する際の引数に`enable_double_dqn=False`を渡す。

いてしまうかポールが倒れてしまえばそのエピソードは失敗となる。

```python
# OpenAI Gymをインポートする
import gym

# KerasおよびKeras-RLをインポートする
from keras.models import Sequential
from keras.layers import Dense, Activation, Flatten
from tensorflow.keras.optimizers import Adam
from rl.agents.dqn import DQNAgent
from rl.policy import EpsGreedyQPolicy
from rl.memory import SequentialMemory

# 一部環境でのエラー抑制用イディオム
import tensorflow as tf
tf.compat.v1.disable_eager_execution()

# 強化学習タスクの環境を初期化する
ENV_NAME = 'CartPole-v0'
env = gym.make(ENV_NAME)
nb_actions = env.action_space.n

# Q関数の近似に用いるニューラルネットワークを定義する
# 状態空間の次元env.observation_space.shapeを入力、
# 行動空間の次元nb_actionsを出力としていれば、中間層は好きに積み重ねてよい
model = Sequential()
model.add(Flatten(input_shape=(1,) + env.observation_space.shape))
model.add(Dense(16))
model.add(Activation('relu'))
model.add(Dense(16))
model.add(Activation('relu'))
model.add(Dense(16))
model.add(Activation('relu'))
model.add(Dense(nb_actions))
model.add(Activation('linear'))

# Experience Replay用のメモリを用意する
memory = SequentialMemory(limit=50000, window_length=1)

# 行動ポリシーとして確率1-epsでランダムな行動をとらせるようにする
policy = EpsGreedyQPolicy(eps=.1)

# エージェントを初期化する
# DQNAgentの引数には先ほど定義したネットワーク、行動空間の次元数、
# Experience Replay用のメモリ、割引率、Target Q-Networkのアップデート頻度、
# 行動ポリシーなどを指定する
dqn = DQNAgent(model=model, nb_actions=nb_actions, memory=memory,
```

```
        gamma=0.99, target_model_update=1e-2, policy=policy)
dqn.compile(Adam(learning_rate=1e-3), metrics=['mse'])

# エージェントを訓練させる
# ここでは100,000回の行動を通じてQ関数を近似している
history = dqn.fit(env=env, nb_steps=100000, visualize=True, verbose=2)

# ニューラルネットワークの重みを保存する
dqn.save_weights('dqn_{}_weights.h5f'.format(ENV_NAME), overwrite=True)

# 訓練済みのエージェントをテストする
# ここでは5回のエピソードにわたってエージェントをテストしている
dqn.test(env=env, nb_episodes=5, visualize=True)

# 訓練過程をプロットするためにmatplotlibをインポートする
%matplotlib inline
import matplotlib.pyplot as plt

# 訓練過程の履歴を取得する
nb_episode_steps = history.history['nb_episode_steps']
episode_reward = history.history['episode_reward']

# 取得した訓練過程をプロットする
plt.subplot(2,1,1)
plt.plot(nb_episode_steps)
plt.ylabel('step')

plt.subplot(2,1,2)
plt.plot(episode_reward)
plt.xlabel('episode')
plt.ylabel('reward')

plt.show()
```

このとき用いた環境CartPole-v0は、次の要素から構成されている。

- 状態：カートの位置、カートの速度、ポールの角度、そしてポールの角速度
- 行動：カートを右に押す、または左に押す
- 報酬：各ステップでポールが上を向いていれば+1、200ステップ間ポールを立て続けられれば+200

この実装を踏まえて、MalConvを回避する方策をエージェントに訓練させたい。そのためには、環境CartPole-v0から状態、行動、そして報酬を取得できたように、

独自の環境からOpenAI Gymのインタフェースに沿って各要素をエージェントに伝えてやる必要がある。OpenAI Gymで独自の環境を実装するには、gym.Envを継承したクラスを作成し、環境を初期化するreset、エージェントが選択した行動を実行して次状態と報酬を得るstepなど、各要素に関わるメソッドとプロパティを実装する。簡単な例を次に示す。

```python
import numpy as np
import gym
import gym.spaces
from ember import PEFeatureExtractor

class MalwareEvasionEnv(gym.Env):
    def __init__(self):
        super().__init__()
        # 行動空間を定義する（必須）
        # ここではreset_timestamp, add_overlay,
        # add_code_cave, そしてadd_fake_importsの4つ
        self.action_space = gym.spaces.Discrete(4)
        # 報酬の最小値と最大値を定義する（必須）
        self.reward_range = [-1., 100.]
        # 環境を初期化する（必須）
        self.reset()

    # 環境を初期化する（必須）
    # 戻り値は初期状態
    def reset(self):
        # マルウェアのバイト列を読み取り、
        with open('sample.bin', 'rb') as f:
            malware_bytez = f.read()
        self.bytez = malware_bytez
        # 4章で用いたEMBERの特徴抽出器を使って状態を生成する
        # この特徴抽出の内部ではLIEFが用いられているが、
        # pefileでも同様の処理は可能である
        self.extractor = PEFeatureExtractor(2)
        self.observation_space = np.array( \
            self.extractor.feature_vector(self.bytez), \
                dtype=np.float32)
        # 分類器を初期化する
        self.model = MalConvModel(MALCONV_MODEL_PATH, thresh=0.5)
        return self.observation_space

    # 行動を実行する（必須）
    # 戻り値は次状態、報酬、エピソード終了フラグ、追加情報
    def step(self, action):
        # エージェントが0, 1, 2, 3のどれかをactionとして渡してくるので、
```

```python
# 愚直にPEManipulatorのメソッドと対応付けて実行する
pe = PEManipulator(data=self.bytez)
if action == 0:
    pe.reset_timestamp()
if action == 1:
    pe.add_overlay()
if action == 2:
    pe.add_code_cave()
if action == 3:
    pe.add_fake_imports()

# 状態を更新する
self.bytez = pe.write()
self.observation_space = np.array( \
    self.extractor.feature_vector(self.bytez), \
        dtype=np.float32)

# 報酬を取得する
# ここではMalConvがマルウェアだと判定すると-1、
# MalConvが良性ファイルだと判定すると100の報酬を与える
reward = -1 if self.model.predict(self.bytez) else 100

# 報酬をもとにエピソード終了フラグを更新する
episode_over = False if reward == -1 else True

return self.observation_space, reward, episode_over, {}

# 環境を可視化する（必須）
# 中身は空でよい
def render(self, mode='human', close=False):
    pass

# 環境を閉じる
# 中身は空でよい
def _close(self):
    pass

# シードを固定する
# 中身は空でよい
def _seed(self, seed=None):
    pass
```

　この環境では、マルウェアのバイト列からEMBERとLIEFを用いて抽出した特徴を状態、PEManipulatorに実装した各改変方法を行動、MalConvの判定結果をスコア化したものを報酬として扱っている。エージェントの学習過程をイメージしてみよ

う。報酬関数は、検知器のスコアがある閾値を下回ったとき、すなわちマルウェアが良性ファイルだと判断されたときに100を、それ以外では−1を返す。エージェントが改変方法を場当たり的に選択していくと、あるとき報酬100が返ってくる。それを契機として、各時刻におけるQ値が更新されていき、どのタイミングにどの改変方法を採用すればよいかの推定が進んでいく。最終的に、エージェントは首尾よくマルウェアを改変するパターンを発見するという要領だ。

この環境をgym.makeから呼び出すために、重ねて次のコードを実行しよう。

```python
from gym.envs.registration import register

register(
    # 環境のIDを登録する
    # IDは<環境名>-v<バージョン番号>というフォーマットに沿って記述する
    id='MalwareEvasionEnv-v0',
    entry_point='__main__:MalwareEvasionEnv'
    # エントリポイントを定義する
    # エントリポイントは<名前空間>:<クラス名>というフォーマットに沿って記述する
    # ここではJupyter NotebookまたはGoogle Colaboratoryの
    # セル中に環境が存在することを前提としている
)
```

あとはENV_NAMEをCartPole-v0からMalwareEvasionEnv-v0に変更すれば、Keras-RLを使ったコードからこの環境での訓練を開始できる。

これで万事解決といきたいところだが、MalwareEvasionEnv-v0には2つの欠点がある。

第一に、この環境は分類器が返すTrueまたはFalseという情報のみに依存して報酬を取得している。言い換えれば、ファイルが悪性か良性かの判定結果のみを攻撃の材料としている。この問題設定の利点は、攻撃対象の分類器が機械学習を用いていようといなかろうと攻撃を実行できることだ。しかしその反面、Q値の更新がなかなか行われないため、エージェントの訓練には長い時間を要する。この欠点に対処するには、分類器のスコアを得られるようにすればよい。

第二に、この環境はランダムに生成した値を用いてデータを改変しているが、潜在的にはより効率的なデータの改変方法が存在する。たとえば、オーバーレイの場合、ランダムに生成したデータを追加するよりも、良性ファイルから抽出したデータを追加するほうが効率的だと考えられる。

そこで、MalConvModelから分類器のスコアを得られるようにするとともに、

MalwareEvasionEnvを拡張して良性ファイルから切り出したデータをマルウェアに
追加する行動を追加しよう。

```python
class MalConvModel(object):
 (…略…)
    def predict_with_score(self, bytez):
        # ファイルのバイト列を整数（0〜255）に変換する
        _inp = torch.from_numpy( \
            np.frombuffer(bytez,dtype=np.uint8)[np.newaxis,:])
        # MalConvの結果をソフトマックス関数に掛け、マルウェアらしさの確率を出力する
        with torch.no_grad():
            outputs = F.softmax(self.model(_inp), dim=-1)

        # スコアを直接返す
        return outputs.detach().numpy()[0,1]

class MalwareEvasionEnv(gym.Env):
    def __init__(self):
        super().__init__()
        # 行動空間を定義する（必須）
        # ここでは以下の13件の行動を用いる
        # - reset_timestamp（現在日時）
        # - add_overlay（ランダムに生成したデータ）
        # - add_overlay（良性ファイルのデータ片）を5通り
        # - add_code_cave（ランダムに生成したデータ）
        # - add_code_cave（良性ファイルのデータ片）を5通り
        self.action_space = gym.spaces.Discrete(13)
        # 報酬の最小値と最大値を定義する（必須）
        self.reward_range = [-1., 100.]
        # 環境を初期化する（必須）
        self.reset()
 (…略…)
    # 環境を初期化する（必須）
    # 戻り値は初期状態
    def reset(self):
        # マルウェアのバイト列を読み取り、
        with open('sample.bin', 'rb') as f:
            malware_bytez = f.read()
        self.bytez = malware_bytez
        # 4章で用いたEMBERの特徴抽出器を使って状態を生成する
        # この特徴抽出の内部ではLIEFが用いられているが、
        # pefileでも同様の処理は可能である
        self.extractor = PEFeatureExtractor(2)
        self.observation_space = np.array( \
            self.extractor.feature_vector(self.bytez), \
                dtype=np.float32)
```

```python
    # 良性ファイルのバイト列を読み取り、
    with open('putty.exe', 'rb') as f:
        benign_bytez = f.read()
    # 分割したデータのリストを作成する
    num_splits = 5
    offset = int(len(benign_bytez) / num_splits)
    self.benign_bytez_list = \
        [benign_bytez[i: i+offset] \
            for i in range(0, len(benign_bytez), offset)]

    # 分類器を初期化する
    self.model = MalConvModel(MALCONV_MODEL_PATH, thresh=0.5)

    # スコアを初期化する
    self.prev_score = 1
    self.thresh = 0.5
    self.steps = 0
    self.steps_limit = 100


    return self.observation_space

# 行動を実行する（必須）
 # 戻り値は次状態、報酬、エピソード終了フラグ、追加情報
 def step(self, action):
     # エージェントが0〜12のいずれかをactionとして渡してくるので、
     # PEManipulatorのメソッドと対応付けて実行する
     pe = PEManipulator(data=self.bytez)
     if action == 0:
         pe.reset_timestamp()
     if action == 1:
         pe.add_overlay()
     # 良性ファイルの一部をオーバーレイとして追加する
     if action in range(2, 6):
         pe.add_overlay( \
             overlay=self.benign_bytez_list[action-2])
     if action == 7:
         pe.add_code_cave()
     # 良性ファイルの一部をコードケイブとして追加する
     if action in range(8, 12):
         pe.add_code_cave( \
             code_cave=self.benign_bytez_list[action-8])

     # 状態を更新する
     self.bytez = pe.write()
     self.observation_space = np.array( \
         self.extractor.feature_vector(self.bytez), \
```

```
            dtype=np.float32)

# 報酬を取得する
# ここではMalConvの悪性スコアが
# 前回のスコアより低くなれば+1、低くならなければ-1、
# そしてMalConvが良性ファイルだと判定すると100の報酬を与える
# 報酬または行動回数に応じてエピソード終了フラグも更新する
episode_over = False
self.steps += 1

score = self.model.predict_with_score(self.bytez)
if score < self.prev_score:
    reward = 1
if score < self.thresh:
    reward = 100
    episode_over = True
else:
    reward = -1

self.prev_score = score

if self.steps > self.steps_limit:
    episode_over = True

# 報酬をもとにエピソード終了フラグを更新する
episode_over = False if reward == -1 else True

return self.observation_space, reward, episode_over, {}
```

　これで、より効率的にエージェントの訓練を進められるようになる。この環境を
MalwareEvasionEnv-v1として登録し、エージェントの訓練を始めよう。訓練に
は大量のメモリを消費するので、Google Colaboratoryを使っている場合はRAM増
量ランタイムに切り替えること。訓練時には、次のように訓練の進捗状況が表示さ
れる。

```
Training for 100000 steps ...
   194/100000: episode: 1, duration: 1127.168s, episode steps: 194, steps per second: 0,
   episode reward: -93.000, mean reward: -0.479 [-1.000, 100.000],
   mean action: 6.119 [0.000, 14.000],
   mean observation: 684897.062 [-4096.000, 1589771136.000],
   loss: --, mse: --, mean_q: --
   262/100000: episode: 2, duration: 162.636s, episode steps: 68, steps per second: 0,
   episode reward: 33.000, mean reward: 0.485 [-1.000, 100.000],
```

```
    mean action: 5.882 [0.000, 10.000],
    mean observation: 670565.438 [-4096.000, 1589772288.000],
    loss: --, mse: --, mean_q: --
(…略…)
```

ひとたび訓練が収束すれば、`dqn.test`を使ってエピソードを回せるようになる。エピソード終了後のバイト列は`env.bytez`から取得できるので、最終的な改変結果を保存したい場合はこのバイト列をファイルに書き出してやればよい。

9.9　まとめ

　本章では、機械学習を悪用してアンチウイルス製品によるマルウェアの検知を回避する方法を紹介した。具体的には、MalConvというマルウェア分類器を題材として、PEファイルフォーマットを踏まえたマルウェアの改変方法と、深層強化学習を用いた改変パターンの探索方法を学んだ。ただし、今回の実装は考えられる中でも極めて単純な方式を採用したので、それぞれ次のような余地を残している。

改変方法

　今回はタイムスタンプ、オーバーレイ、コードケイブ、インポート関数の4箇所に着目した改変方法をそれぞれ深層強化学習エージェントにとっての行動と位置付け、これらをどの順序で積み重ねるべきかを訓練させた。もちろん、行動にはさらなる拡張の余地がある。たとえば、印字可能文字列や逆アセンブル可能な命令列として解釈されうるデータを追加する行動を追加することで、より分類器の性質を逆手にとった攻撃が可能となるだろう。

探索方法

Adversarial Exampleが可能な限り少ない変更でスコアを低下させる方法を探索するのに対して、今回の深層強化学習エージェントは際限なくマルウェア検体に改変を及ぼしてもかまわない実装となっていた。より少ない変更でスコアを低下させるためには、報酬の与え方に手を加える必要がある。たとえば、行動回数を環境のメンバー変数に記録しておき、行動回数が増えるほど報酬を減らすといった手立てが考えられる。

これらを踏まえて、新たな改変方法を考えるのもよし、より効率的な探索方法を考

えるのもよし、MalConv以外の分類器を回避する方法を考えるのもよし、ここから先の応用は無数に考えられる。また、改変した検体を用いてモデルを再度訓練することで、モデルの堅牢化も見込める。本章が攻撃の面白さと対策の難しさを知る一助となることを期待して結びとする。

9.10　練習問題

この章に練習問題はない。

10章
機械学習のヒント

これまでに、機械学習の基礎と、素晴らしいオープンソースのPythonパッケージを使ったさまざまなシステムの構築方法を学んだ。そして、機械学習モデルを迂回する方法にも触れた。

最終章では、よりよいモデルを構築するためのヒントを紹介する。

10.1　どの機械学習アルゴリズムを使ったらよいのか問題

本書のレビューを行っているときに、とあるレビュアーから「この課題の解決に、この機械学習アルゴリズムを選択した根拠なり理由が知りたい」という質問をいただいた。曰く、「複数のアルゴリズムの中でどれを選べばよいのかというのは結構重要なところだと思っていて、なぜここではたとえばSVMを使わないのか、逆にマルウェアの検知のためにAPI呼び出しを使った特徴量に対して勾配ブースティング等を使わないのか理由があるならぜひとも知りたい。結局機械学習って、どのアルゴリズムを選ぶかが一番悩むところじゃないかと・・。もしくは、全部試してみてTPなりFNなりを比較するしかないなら、その一言だけでもあると嬉しい。」ということであった。

素朴な質問ではあるが、確かにこうした類似の質問への回答はあまりなされていないように思われるし、機械学習の初学者が最初に思い浮かべる疑問としてもっともなものだと考えられる。このため、ここでこの質問に対する回答をしていきたい。

広範な範囲でのコンセンサスはとれてはいないと思うが、機械学習アルゴリズムを用いる問題解決の過程においては、データセットの内容によって次のような選択がなされていると思われる。

- データセットに欠損値がある→LightGBMなどの決定木
- データセットは連続値→線形回帰
- データセットが画像→CNN

これは**表10-1**のようなアルゴリズムごとの得手・不得手、向き・不向きがあるために選択される結果と考えられる。

表10-1　機械学習アルゴリズムごとの適性

	勾配ブースティング木	ニューラルネットワーク	線形モデル
欠損値	扱える	扱えない	扱えない
特徴量	数値	数値	数値
変数間の相互作用	扱える	扱える	特徴量の作成が必要
非線形性	扱える	扱える	特徴量の作成が必要
特徴量のスケーリング	不要	必要	必要
パラメータチューニング	簡単	大変	簡単
学習速度	速い	遅い	速い
精度	高い	高い	あまり高くない

　この表のように、勾配ブースティング木の機械学習アルゴリズムとしての汎用性があるがゆえに、いわゆる「初手LightGBM」のようなKaggleコンペティション勢の格言が生まれていると思われる。

　実際のところはLightGBMを含む複数の機械学習アルゴリズムをパイプラインのような形で事前に用意しておいたうえで、シンプルにそれらの正解率を見て、正解率の良かったものを採用、もしくは、正解率の良かったものを複数スタッキングして使用するのが正解率を押し上げる要因になると思われる。すなわち、次のようなコードを用意しておき、複数の機械学習アルゴリズムの出力結果をひとまず見てから判断する、というものだ。

```
algorithms = {
    "DecisionTree": DecisionTreeClassifier(max_depth=10),
    "RandomForest": RandomForestClassifier(n_estimators=50),
    "GradientBoosting": GradientBoostingClassifier(n_estimators=50),
    ...
}
```

```
for algorithm in algorithms:
    clf = algorithms[algo]
    clf.fit(X_train, y_train)
    score = clf.score(X_test, y_test)
    ...
```

　いってみれば、この問題は、いわゆる「ノーフリーランチ定理」に対する答えを探索する行為に近いものだ。すなわち、「あらゆる問題を効率よく解けるような『万能』の『教師ありの機械学習モデル』や『探索・最適化のアルゴリズム』などは存在しない」という数学者のDavid H. Wolpertが1997年の論文の中で提示した定理[1]に対して「であれば、特定の問題に対してほぼ総当たりで正解率のより高そうな最適なアルゴリズムのアテをつけてしまおう」という解法にのっとるものだと考えられる。この目的のために、正解率の良さそうな機械学習アルゴリズムを複数の選択肢として用意しておいて総当たりし、その結果をいったん確認することができれば、よりよい正解率のアルゴリズムを抽出できる。さらに正解率の良さそうな機械学習アルゴリズムをいくつか選択したうえで、パラメータチューニングをして比較していけば、よりよい結果を得ることができるだろう。

10.2　精度や指標についてどう考えたらよいのか問題

　すでに情報セキュリティ分野でソリューション開発に取り組んでいる読者がいたとすれば、本書を読んでいて次のような感想を持つかもしれない。「なんだ、誤検知率がずいぶん高いな。これじゃあプロダクションのOA環境で使えないぞ」と。誤検知を、見逃しと読み替えてもよいだろう。なぜなら、情報セキュリティ分野では誤検知や見逃しの発生はクリティカルな問題につながりやすく、分類器などの信頼性そのものが揺らぎやすくなってしまうからだ。本書でも正解率が99%以上の分類器を開発してきたが、1%の確率で発生するのであれば、1万件中であれば100件の割合で発生してしまうことになる。よって大規模なシステムであればあるほど、誤分類などの発生件数が増えることになる。したがって、実際の現場で耐えられるシステムを目指すのであれば、正解率99%の小数第一位、第二位、第三位といった値をさらに追求していくような努力が求められることになるのだ。

---

[1]　訳注：Wolpert, David H., and William G. Macready. No free lunch theorems for optimization. IEEE transactions on evolutionary computation 1.1 (1997): 67-82.

　他方で、ある現場において特定の精度が求められるようなタスクがあったとする。この場合、ほかのめぼしい手法がない中で機械学習を使ってその指標を満たそうとしたときには、本書で学んだアプローチなどは大いに役立つことだろう。あるいは、たとえばウイルス対策ソフトを開発しようとした場合に、マルウェア全体に対して分類器を使うのではなく、「ある特定の亜種のみ」や「スクリプトの検体のみ」に限って機械学習による分類器を使用する、といった局所的な解決法も大いにありうる。こうしたアプローチを積み上げることで、既存の検知手法を補うことになり、全体としての検出率の向上につながりうる、といったこともある。こうした既存のやり方を改善したり、ほかに手段がない中で、時に結果を出すことが可能になるのが機械学習の魅力であるといえるだろう。

10.3　まとめ

　本書は、サイバー攻撃に対抗するための機械学習モデルを、オープンソースライブラリやPython、インターネット上に公開されているデータセットを利用して構築する方法を学ぶための実用的なガイドである。加えて、攻撃者が機械学習モデルを悪用する方法を知り、それを通してデータの分析方法や、防御システムの構築方法、次世代の防御策を突破する方法を学んだ。最後に、よりよいモデルを構築するためのヒントを紹介した。

付録A
練習問題の解答

A.1　1章　情報セキュリティエンジニアのための機械学習入門

この章に練習問題はない。

A.2　2章　フィッシングサイトと迷惑メールの検出

この章の練習問題のサンプルコードは以下から入手できる。

https://github.com/oreilly-japan/ml-security-jp/blob/master/ch02/Chapter
2_Practice.ipynb

2-1　データセットを http://www.aueb.gr/users/ion/data/lingspam_public.tar.gz
からダウンロードして解凍しなさい。

```
!wget http://www.aueb.gr/users/ion/data/lingspam_public.tar.gz
!tar -zxf ./lingspam_public.tar.gz
```

2-2　解凍先のディレクトリ /lingspam_public/bare/ 配下には part? というサ
ブディレクトリが 10 個存在している。このサブディレクトリ内に存在する、
ファイル名が spmsga*.txt のファイルは迷惑メールである。その他のファイ
ルはすべて正当なメールである。個々のファイルを読み込み、本文データをコ

ピーしたリストと、迷惑メールか、そうでないかのラベルのリストを作成しなさい。

```python
import os
import glob
import pandas as pd

path = "./lingspam_public/bare/"

text = []
label = []

# part?ディレクトリ配下にあるメールデータを読み込み、
# 迷惑メールとそうでないものを分別してラベルを追加
for part in range(1,10):
    folder = os.path.join(path, 'part'+str(part))
    for filePath in glob.glob(os.path.join(folder, '*.txt')):
        if ('spmsga' in filePath):
            with open(filePath) as f:
                text.append(f.read())
                label.append(1)
        else:
            with open(filePath) as f:
                text.append(f.read())
                label.append(0)
```

2-3 リストをpandasの行列にコピーし、メール本文の列名は「Text」に、ラベルの列名は「label」にしなさい。

```python
data = pd.DataFrame()
data['Text'] = text
data['label'] = label
```

2-4 TfidfVectorizerを使用してメール本文をベクトル化しなさい。

```python
from sklearn.feature_extraction.text import TfidfVectorizer

# TfidfVectorizerを初期化する
# stop_wordsにenglishを指定し、一般的な単語を除外する
```

```
tfidf = TfidfVectorizer(stop_words="english")

X = tfidf.fit_transform(data['Text'])
column_names = tfidf.get_feature_names()

# Xにベクトル化した値を整形して代入
X = pd.DataFrame(X.toarray())
X = X.astype('float')
# カラム名を設定
X.columns = column_names
y = data['label']
```

2-5　分類器に LightGBM を設定して optuna によるハイパーパラメータチューニン
グを行いなさい。

```
from sklearn.model_selection import cross_validate
from sklearn.model_selection import train_test_split
import optuna.integration.lightgbm as olgb
import optuna

# データセットを訓練用とテスト用に分割
X_train, X_test, y_train, y_test = \
train_test_split(X, y, test_size=0.2, shuffle=True, random_state=101)

# LightGBM用のデータセットに変換
train = olgb.Dataset(X_train, y_train)

# パラメータの設定
params = {
    "objective": "binary",
    "metric": "binary_logloss",
    "verbosity": -1,
    "boosting_type": "gbdt",
}

# 交差検証を使用したハイパーパラメータの探索
tuner = olgb.LightGBMTunerCV(params, train, num_boost_round=100)

# ハイパーパラメータ探索の実行
tuner.run()
```

2-6 ハイパーパラメータチューニング結果を使用して分類モデルを訓練しなさい。

```python
import lightgbm as lgb
import numpy as np
from sklearn.model_selection import train_test_split
from sklearn.metrics import accuracy_score, confusion_matrix
from sklearn.model_selection import train_test_split

# 訓練データとテストデータを設定
train_data = lgb.Dataset(X_train, label=y_train)
test_data = lgb.Dataset(X_test, label=y_test)

# ハイパーパラメータ探索で特定した値を設定
params = {
    'objective': 'binary',
    'metric': 'binary_logloss',
    'verbosity': -1,
    'boosting_type': 'gbdt',
    'lambda_l1': tuner.best_params['lambda_l1'],
    'lambda_l2': tuner.best_params['lambda_l2'],
    'num_leaves': tuner.best_params['num_leaves'],
    'feature_fraction': tuner.best_params['feature_fraction'],
    'bagging_fraction': tuner.best_params['bagging_fraction'],
    'bagging_freq': tuner.best_params['bagging_freq'],
    'min_child_samples': tuner.best_params['min_child_samples']
}

# 訓練の実施
gbm = lgb.train(
    params,
    train_data,
    num_boost_round=100,
    verbose_eval=0,
)

# テスト用データを使って予測する
preds = gbm.predict(X_test)
# 戻り値は確率になっているので四捨五入する
pred_labels = np.rint(preds)
```

2-7 訓練したモデルを使用して、正解率と混同行列を出力しなさい。

```
# 正解率と混同行列の出力
print("Accuracy: {:.5f} %".format(100 * accuracy_score(y_test, pred_labels)))
print(confusion_matrix(y_test, pred_labels))
```

結果は**図A-1**のようになるだろう。

```
34 # テスト用データを使って予測する
35 preds = gbm.predict(X_test)
36 # 返り値は確率になっているので四捨五入する
37 pred_labels = np.rint(preds)
38 # 正解率と混同行列の出力
39 print("Accuracy: {:.5f} %".format(100 * accuracy_score(y_test, pred_labels)))
40 print(confusion_matrix(y_test, pred_labels))

Accuracy: 92.89827 %
[[471  9]
 [ 28 13]]
```

図A-1　2章の練習問題の結果

A.3　3章　ファイルのメタデータを特徴量にした マルウェア検出

この章の練習問題のサンプルコードは以下から入手できる。

https://github.com/oreilly-japan/ml-security-jp/blob/master/ch03/Chapter
3_Practice.ipynb

まずはデータセットをダウンロードしておく。

```
!wget https://github.com/oreilly-japan/ml-security-jp/raw/master/ch03/dataset.csv
```

3-1 pandasを使用してデータセットをロードし、今回は、sep=';'をパラメータ
に追加する。このパラメータの役割は何か、データを検索して確認しなさい。

sepは区切り文字の設定であり、csvファイルがセミコロン（;）で区切られている
ためにこれを使用している。

```
import pandas as pd

df = pd.read_csv("./dataset.csv", sep=';')
```

3-2　pandas の head() を使用してデータセットの概要を把握する。列 rating_
number 以降から最終列のひとつ前までが数値型と one-hot 表現で、Android の
特定の機能を使っているかどうかのフラグが入っている。これを pandas のス
ライスなどを使用し、訓練に使用する特徴量として抽出しなさい。また、最終
列の LABEL 列を抽出して、benignware を0に、malware を1に置換し、目的
変数を作成しなさい。

head()メソッドを使って、各列のデータを確認する（**図A-2**）。

```
df.head()
```

	name	.//MD5	version	.//Min_SDK	.//Min_Screen	.//Min_OpenGL	.//Supported_CPU
0	com.angelo.assassinscreedquiz	4775e6653b52fe5579687ad3cf920d78	1.0	14	small	NaN	NaN
1	com.angryventures.antonioregadas.webview_test	fb1305d723c77bae5f669f85bcff61b6	1.0	19	small	NaN	NaN
2	com.animallink.studioc	7de8fa31cb8c1145f49707a1feb61c45	1.3	9	small	2.0	armeabi-v7a
3	com.animalp.mt.programas	27bcebcade6a785dcdd0aa3a90d5dde2	1.3	5	small	NaN	NaN

図A-2　3章の練習問題のデータセットの確認

　14列目から167列目までに数値型と one-hot 表現で、Android の特定の機能を
使っているかどうかのフラグが入っているので、これを特徴量に使用する。iloc を
使えばスライスして抽出できる。ラベルは最終列に入っているのでこれを抽出し、
replace()を使って benignware を0に、malware を1に置換する。

```
features= df.iloc[:,14:167]
label = df.iloc[:,-1]
label = label.replace({"benignware":0,"malware":1})
```

3-3　sklearn.model_selectionからtrain_test_splitをインポートし、test_size = 0.2で訓練データを分割しなさい。

```
from sklearn.model_selection import train_test_split
X_train, X_test, y_train, y_test = train_test_split(features, label, test_size=0.2)
```

3-4　DecisionTreeClassifier()、RandomForestClassifier(n_estimators = 100)、およびAdaBoostClassifier())を含む分類器のリストを作成しなさい。

```
from sklearn.ensemble import RandomForestClassifier
from sklearn.tree import DecisionTreeClassifier
from sklearn.ensemble import AdaBoostClassifier

classifiers = [RandomForestClassifier(n_estimators=100),
               DecisionTreeClassifier(),
               AdaBoostClassifier()]
```

3-5　AdaBoostClassifier()とは何か、調査しなさい。

　AdaBoostは、複数の分類器を逐次的に作成し、それらを組み合わせてより高性能な分類器を構成するという手法をとる。組み合わされる複数の分類器は弱分類器と呼ばれ、訓練データ全体から部分サンプリングしたデータをもとに訓練を行う。このような手法のフレームワークはアンサンブル学習と呼ばれるが、その中でAdaBoostの特徴は、訓練データに重み付けを行いながら訓練していくということがあげられる。

3-6　前記の3つの分類器を使用してモデルを訓練し、scoreメソッドを使ってそれぞれの正解率を確認しなさい。

```
for clf in classifiers:
    clf.fit(X_train, y_train)
    score = clf.score(X_test, y_test)
    print("Score of {} is {}".format(clf.__class__.__name__, score*100))
```

結果は**図A-3**のようになるだろう。

```
 9 for clf in classifiers:
10    clf.fit(X_train, y_train)
11    score = clf.score(X_test, y_test)
12    print("Score of {} is {}".format(clf.__class__.__name__, score*100))

Score of RandomForestClassifier is 90.37456445993031
Score of DecisionTreeClassifier is 88.28397212543554
Score of AdaBoostClassifier is 88.32752613240417
```

図A-3 3章の練習問題の結果

A.4 4章 ディープラーニングによるマルウェア検出

この章の練習問題については、本文中で詳解している。

A.5 5章 データセットの作成

この章の練習問題のサンプルコードは以下から入手できる。

https://github.com/oreilly-japan/ml-security-jp/blob/master/ch05/Chapter
5_Practice.ipynb

5-1 データセットをより充実したものにするため、Twitterの検索結果から、ツイートしたユーザーのフォロワー数も取得し、スクレイピング結果の行列に追加しなさい。

Tweepyでツイートを収集したあと、次のコードを実行する。

```
# ツイートしたユーザーのフォロワー数の追加
data['followers_count'] = \
pd.DataFrame(data=[tweet['user']['followers_count'] for tweet in TempDict])
```

5-2　Twitterの検索結果から、ツイートしたユーザーの「いいね！」された数も取
得し、スクレイピング結果の行列に追加しなさい。

```
# ツイートしたユーザーの「いいね！」された数の追加
data['favourites_count'] = \
pd.DataFrame(data=[tweet['user']['favourites_count'] for tweet in TempDict])
```

5-3　Twitterの検索結果から、ツイートしたユーザーが認証済みアカウントである
か、そうでないかの情報を取得し、スクレイピング結果の行列に追加しなさい。

```
# ツイートしたユーザーが認証済みアカウントであるか、そうでないかの情報を追加
data['verified'] = \
pd.DataFrame(data=[tweet['user']['verified'] for tweet in TempDict])
```

結果は**図A-4**のようになるだろう。

		1 data.head(20)				
		TweetText	URL	followers_count	favourites_count	verified
0		OL : L'exploit face à Man City élu match de l'...	https://t.co/lh2fyz2b9j	173	31	False
1		Republican efforts to undermine Biden victory ...	https://t.co/h8r9kOXBuY	19	1031	False
2		The scattershot efforts to overturn President-...	https://t.co/BubYeURzb2	33	3	False
3		@MSNBC Only goes to show, how #DonaldTrump wil...	https://t.co/PwzukzW05L	2296	53805	False
4		exploit frictionless #supply-chains with #doma...	https://t.co/qTvwSQLAvj	1245	220	False
5		#DeFi insurer @CoverProtocol was exploited for...	https://t.co/hlS98EtpPw	4177	191	False
6		Thanks for TAB message format. I did some expl...	https://t.co/SZUogOi0Lj	27	1	False
7		I ruin credit scores, marriages & manipula...	https://t.co/NYQPND6xUo	5503	14959	False
8		Thinking of publishing the Next Exploit source...	https://t.co/mo06EGORFw	1	5	False
9		Cyberpunk 2077 speedrunners have found a bunny...	https://t.co/LkLluuc5Lq	270382	4467	False
10		Tuvaluans will see how much corporations are w...	https://t.co/SOF8yqPzvc	252	188	False

図A-4　5章の練習問題の結果

A.6　6章　異常検知

この章の練習問題のサンプルコードは以下から入手できる。

https://github.com/oreilly-japan/ml-security-jp/blob/master/ch06/Chapter 6_Practice.ipynb

6-1 情報漏洩は、企業の内部ネットワーク外へ機微なデータが移動させられることで引き起こされる。したがって、情報漏洩が起こったとすると、ネットワークのトラフィックが、通常よりも増加するといった異常が発生するかもしれない。このような検知シナリオでは、ファイアウォールやIDSのログ、あるいはNetFlowといった記録データから組織外へのデータ転送の大きさが重要になるだろう。今回はAshwin Patilが公開しているPalo Altoのファイアウォールログから、1時間あたりに送出されたデータ量の推移を使用することで、異常検知を行う。そのために、次のコマンドを実行して、まずはデータセットをダウンロードしなさい。

そのまま次のコマンドを実行して、まずはデータセットをダウンロードする。

```
!wget https://raw.githubusercontent.com/oreilly-japan/ml-security-jp/
↪    master/ch06/TimeSeriesDemo.csv
```

6-2 pipを使用してmsticpyと、statsmodelsのバージョン0.12.1をインストールしなさい。

次のコードを実行する。statsmodelsとmsticpyのインストール後にランタイムの再起動が必要となる場合があるので、出力をよく見てそれに従うこと。

```
# インストール後、ランタイムの再起動が必要になることがあるので注意
!pip install statsmodels==0.12.1
!pip install msticpy
```

6-3　データセットの CSV ファイルをロードして、TimeGenerated 列と Total
BytesSent列を抜き出しなさい。同時に、TimeGenerated列をインデックス
に指定しなさい。

次のコードを実行する。

```python
import pandas as pd

df = pd.read_csv(
    "TimeSeriesDemo.csv",
    index_col=["TimeGenerated"],
    usecols=["TimeGenerated", "TotalBytesSent"]
    )
```

6-4　週次の季節性があると仮定して、msticpy.analysis.timeseries から
timeseries_anomalies_stlをインポートして異常検知を行いなさい。

次のコードを実行する。週次なのでseasonalパラメータに7を指定すること。

```python
from msticpy.analysis.timeseries import timeseries_anomalies_stl

# パラメータseasonalには奇数を指定する必要があり、今回は週次の季節性があると仮定して7を指定
output = timeseries_anomalies_stl(df, seasonal=7)
```

6-5　msticpy.nbtools.timeseriesからdisplay_timeseries_anomoliesを
インポートし、異常値の可視化を行いなさい。

次のコードを実行する。

```python
from msticpy.nbtools.timeseries import display_timeseries_anomalies

# 結果のTimeGenerated列に日付型を適用し、かつ日付順に並び替える
output['TimeGenerated'] = pd.to_datetime(output['TimeGenerated'])
output = output.sort_values(by='TimeGenerated')

timeseries_anomalies_plot = display_timeseries_anomolies(
    data=output,
    y='TotalBytesSent',
    time_column='TimeGenerated'
```

）

結果は**図A-5**のようになるだろう。

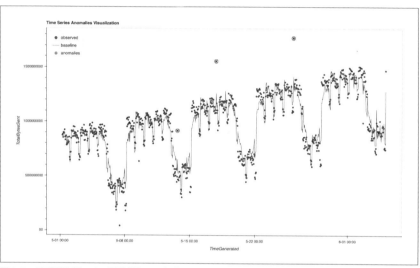

図A-5 時系列分析による異常検知の可視化結果

A.7 7章 SQLインジェクションの検出

この章の練習問題のサンプルコードは以下から入手できる。

https://github.com/oreilly-japan/ml-security-jp/blob/master/ch07/Chapter 7_Practice.ipynb

7-1 本章で開発したLightGBMベースのSQLインジェクション検出器に加えて、さらにXGBoostを使用したアンサンブル検出器を開発する。アンサンブルとは、複数の予測モデルを組み合わせてひとつのモデルとする手法である。複数のモデルの予測結果の多数決をとることで、より高い精度を狙うという目的がある。まずはパッケージとしてxgboostをインポートしなさい。

次のコードを実行する。

```
import xgboost as xgb
```

7-2　LightGBMベースのSQLインジェクション検出器に使用した特徴量を転用し、かつoptunaを使用してXGBoostのハイパーパラメータチューニングを行いなさい。

次のコードを実行する。

```
def objective(trial):
    eta =  trial.suggest_loguniform('eta', 1e-8, 1.0)
    gamma = trial.suggest_loguniform('gamma', 1e-8, 1.0)
    max_depth = trial.suggest_int('max_depth', 1, 20)
    min_child_weight = trial.suggest_loguniform('min_child_weight', 1e-8, 1.0)
    max_delta_step = trial.suggest_loguniform('max_delta_step', 1e-8, 1.0)
    subsample = trial.suggest_uniform('subsample', 0.0, 1.0)
    reg_lambda = trial.suggest_uniform('reg_lambda', 0.0, 1000.0)
    reg_alpha = trial.suggest_uniform('reg_alpha', 0.0, 1000.0)


    regr = xgb.XGBRegressor(
        eta = eta, gamma = gamma, max_depth = max_depth,
        min_child_weight = min_child_weight, max_delta_step = max_delta_step,
        subsample = subsample,reg_lambda = reg_lambda,reg_alpha = reg_alpha)

    regr.fit(X_train, y_train)

    pred = regr.predict(X_test)
    pred_labels = np.rint(preds)

    accuracy = accuracy_score(y_test, pred_labels)
    return (1-accuracy)

study = optuna.create_study()
study.optimize(objective, n_trials=30)
# ベストのパラメータの出力
print('Best params:', study.best_params)
```

7-3　ハイパーパラメータチューニングの結果を使用して検出器を訓練しなさい。

次のコードを実行する。

```
optimised_model = xgb.XGBRegressor(
    eta = study.best_params['eta'],
    gamma = study.best_params['gamma'],
    max_depth = study.best_params['max_depth'],
    min_child_weight = study.best_params['min_child_weight'],
    max_delta_step = study.best_params['max_delta_step'],
    subsample = study.best_params['subsample'],
    reg_lambda = study.best_params['reg_lambda'],
    reg_alpha = study.best_params['reg_alpha']
    )

optimised_model.fit(X_train ,y_train)

# テスト用データを使って予測する
pred_labels_xgb = optimised_model.predict(X_test)
# 戻り値は確率になっているので四捨五入する
pred_labels_xgb_round = np.rint(preds)
# 予測精度と混同行列の出力
print("Accuracy: {:.5f} %".format(
    100 * accuracy_score(y_test, pred_labels_xgb_round)
    )
)
print(confusion_matrix(y_test, pred_labels_xgb_round))
```

7-4　LightGBMベースの検出器の予測結果と、XGBoostベースの検出器の予測結果の1/2をそれぞれとって合算しなさい。

次のコードを実行する。

```
preds_ans = pred_labels_lgb * 0.5 + pred_labels_xgb * 0.5
```

7-5　合算した結果を予測値として使用し、正解率と混同行列を見なさい。

次のコードを実行する。

```
print("Accuracy: {:.5f} %".format(
    100 * accuracy_score(y_test, np.rint(preds_ans))
    )
)
print(confusion_matrix(y_test, np.rint(preds_ans)))
```

結果は**図A-6**のようになるだろう。

```
1 preds_ans = pred_labels_lgb * 0.5 + pred_labels_xgb * 0.5

1 print("Accurary: {:.5f} %".format(
2     100 * accuracy_score(y_test, np.rint(preds_ans))
3     )
4 )
5 print(confusion_matrix(y_test, np.rint(preds_ans)))

Accurary: 99.96684 %
[[3847   0]
 [   2 2183]]
```

図A-6　7章の練習問題の結果

A.8　8章　機械学習システムへの攻撃

この章に練習問題はない。

A.9　9章　深層強化学習によるマルウェア検知器の回避

この章に練習問題はない。

A.10　10章　機械学習のヒント

この章に練習問題はない。

参考文献

1章 情報セキュリティエンジニアのための機械学習入門

- Sebastian Raschka, Vahid Mirjalili：『［第3版］Python 機械学習プログラミング』（https://book.impress.co.jp/books/1120101017）
- Willi Richert, Luis Pedro Coelho：『実践 機械学習システム』（https://www.oreilly.co.jp/books/9784873116983/）
- Joel Grus：『ゼロからはじめるデータサイエンス』（https://www.oreilly.co.jp/books/9784873117867/）
- 斎藤康毅：『ゼロから作る Deep Learning』（https://www.oreilly.co.jp/books/9784873117584/）
- 斎藤康毅：『ゼロから作る Deep Learning ❷』（https://www.oreilly.co.jp/books/9784873118369/）
- François Chollet：『Python と Keras によるディープラーニング』（https://book.mynavi.jp/ec/products/detail/id=90124）
- Jakub Langr, Vladimir Bok：『実践 GAN』（https://book.mynavi.jp/ec/products/detail/id=113324）
- 門脇大輔ほか：『Kaggle で勝つデータ分析の技術』（https://gihyo.jp/book/2019/978-4-297-10843-4）
- Machine Learning Mastery（https://machinelearningmastery.com）
- Coursera: Machine Learning, Andrew Ng（https://www.coursera.org/learn/machine-learning#syllabus）
- Coursera: Neural Networks and Machine Learning, Andrew Ng（https://www.coursera.org/learn/neural-networks-deep-learning）

- Kaggle: Intro to Machine Learning（https://www.kaggle.com/learn/intro-to-machine-learning）

2章 フィッシングサイトと迷惑メールの検出

- Phishing Websites Data Set（https://archive.ics.uci.edu/ml/datasets/Phishing+Websites）
- Phishing Websites Features（http://eprints.hud.ac.uk/id/eprint/24330/6/MohammadPhishing14July2015.pdf）
- sklearn.linear_model.LogisticRegression（https://scikit-learn.org/stable/modules/generated/sklearn.linear_model.LogisticRegression.html）
- Androutsopoulos, Ion & Koutsias, John & Chandrinos, Konstantinos & Paliouras, Georgios & Spyropoulos, Costantine (2000). An Evaluation of Naive Bayesian Anti-Spam Filtering. CoRR. cs.CL/0006013.（https://arxiv.org/abs/cs/0006013）
- Lingspam dataset（http://www.aueb.gr/users/ion/data/lingspam_public.tar.gz）

3章 ファイルのメタデータを特徴量にしたマルウェア検出

- PE Format（https://msdn.microsoft.com/en-us/library/windows/desktop/ms680547(v=vs.85).aspx）
- Malware Analysis: An Introduction（https://www.sans.org/reading-room/whitepapers/malicious/malware-analysis-introduction-2103）
- VirusTotal ドキュメンテーション（https://www.virustotal.com/en/documentation/）
- Raman, Karthik. Selecting Features to Classify Malware. InfoSec Southwest 2012 (2012).（https://www.covert.io/research-papers/security/Selecting%20Features%20to%20Classify%20Malware.pdf）

4章 ディープラーニングによるマルウェア検出

- Keras Tutorial: Deep Learning in Python（https://www.datacamp.com/community/tutorials/deep-learning-python）

- Your First Neural Network in Python With Keras Step-By-Step (https://mach inelearningmastery.com/tutorial-first-neural-network-python-keras/)
- THE MNIST Database of handwritten digits (http://yann.lecun.com/exdb/mnist/)
- High dimensional visualization of malware families (http://web.archive.org/web/20170829214911/https://www.rsaconference.com/writable/presenta tions/file_upload/tta-f04-high-dimensional-visualization-of-malware-families .pdf)
- A Hybrid Malicious Code Detection Method based on Deep Learning (http://www.covert.io/research-papers/deep-learning-security/A%20Hybri d%20Malicious%20Code%20Detection%20Method%20based%20on%20Deep% 20Learning.pdf)
- A Multi-task Learning Model for Malware Classification with Useful File Access Pattern from API Call Sequence (https://arxiv.org/abs/1610.05945)
- Combining Restricted Boltzmann Machine and One Side Perceptron for Malware Detection (http://www.covert.io/research-papers/deep-learning-security/Combining%20Restricted%20Boltzmann%20Machine%20and%20On e%20Side%20Perceptron%20for%20Malware%20Detection.pdf)
- Convolutional Neural Networks for Malware Classification (http://www.covert.io/research-papers/deep-learning-security/Convolutional%20Neural %20Networks%20for%20Malware%20Classification.pdf)
- Deep Learning for Classification of Malware System Call Sequences (http://www.covert.io/research-papers/deep-learning-security/Deep%20Le arning%20for%20Classification%20of%20Malware%20System%20Call%20Sequ ences.pdf)
- Deep Neural Network Based Malware Detection using Two Dimensional Binary Program Features (https://arxiv.org/abs/1508.03096)
- DL4MD: A Deep Learning Framework for Intelligent Malware Detection (http://www.covert.io/research-papers/deep-learning-security/DL4MD-% 20A%20Deep%20Learning%20Framework%20for%20Intelligent%20Malware% 20Detection.pdf)

- Droid-Sec: Deep Learning in Android Malware Detection（http://www.covert.io/research-papers/deep-learning-security/DroidSec%20-%20Deep%20Learning%20in%20Android%20Malware%20Detection.pdf）
- HADM: Hybrid Analysis for Detection of Malware（http://www.covert.io/research-papers/deep-learning-security/HADM-%20Hybrid%20Analysis%20for%20Detection%20of%20Malware.pdf）
- Malware Classification with Recurrent Networks（http://www.covert.io/research-papers/deep-learning-security/Malware%20Classification%20with%20Recurrent%20Networks.pdf）

5章 データセットの作成

- Twitter APIの登録（アカウント申請方法）から承認されるまでの手順まとめ ※2019年8月時点の情報（https://qiita.com/kngsym2018/items/2524d21455aac111cdee）
- Tweet Object（ツイートオブジェクト）の説明（https://syncer.jp/Web/API/Twitter/REST_API/Object/Tweet/）
- pigeon - Quickly annotate data on Jupyter（https://github.com/agermanidis/pigeon）
- pigeonXT - Quickly annotate data in Jupyter Lab（https://github.com/dennisbakhuis/pigeonXT）
- Quickly label data in Jupyter Lab（https://towardsdatascience.com/quickly-label-data-in-jupyter-lab-999e7e455e9e）
- Allix, Kevin & Bissyandé, Tegawendé & Klein, Jacques & Le Traon, Yves. (2015). Are Your Training Datasets Yet Relevant?. 10.1007/978-3-319-15618-7_5.（https://link.springer.com/chapter/10.1007/978-3-319-15618-7_5）
- Pendlebury, Feargus, et al. TESSERACT: Eliminating experimental bias in malware classification across space and time. 28th USENIX Security Symposium (USENIX Security'19). 2019.（https://arxiv.org/abs/1807.07838）
- Jordaney, Roberto, et al. Transcend: Detecting concept drift in malware classification models. 26th USENIX Security Symposium (USENIX Security'17). 2017.（https://www.usenix.org/conference/usenixsecurity17/technical-sessions/presentation/jordaney）

- 新井悠，吉岡克成，松本勉：「ダークウェブ内の違法物品取扱サイトのHTTP ヘッダ情報を特徴量にした同サイトの自動検出」．情報処理学会論文誌，61(9)， 1388-1396（2020-09-15），1882-7764．(http://doi.org/10.20729/00206786)

6章　異常検知

- 島田直希：『時系列解析』(https://www.kyoritsu-pub.co.jp/bookdetail/9784 320125018)

- 赤石雅典：『Python で儲かる AI をつくる』(https://www.nikkeibp.co.jp/ atclpubmkt/book/20/279820/)

- 上田太一郎監修ほか：『Excel で学ぶ時系列分析』(https://shop.ohmsha.co. jp/shopdetail/000000004673/)

- threat-hunting-with-notebooks(https://github.com/ashwin-patil/threat-hun ting-with-notebooks)

- Black Hat USA 2018 でのトレーニング提供（https://sect.iij.ad.jp/d/2018/0 5/044132.html)

- Anomaly Detection & Threat Hunting with Anomalize（https://holisticinfos ec.blogspot.com/2018/06/toolsmith-133-anomaly-detection-threat.html)

- Anomaly detection articles(https://www.kdnuggets.com/tag/anomaly-dete ction)

- A practical guide to anomaly detection for DevOps（https://www.bigpanda. io/blog/a-practical-guide-to-anomaly-detection/)

- Anomaly detection in time series with Prophet library(https://towardsdatas cience.com/anomaly-detection-time-series-4c661f6f165f)

- Huang, Shengsheng, and Jason Dai. Scalable AutoML for Time Series Forecasting using Ray. (2020).(https://www.usenix.org/conference/opml2 0/presentation/huang)

- Zhang, X., Lin, Q., Xu, Y., Qin, S., Zhang, H., Qiao, B., Dang, Y., Yang, X., Cheng, Q., Chintalapati, M., Wu, Y., Hsieh, K., Sui, K., Meng, X., Xu, Y., Zhang, W., Furao, S., & Zhang, D. Cross-dataset Time Series Anomaly Detection for Cloud Systems. USENIX Annual Technical Conference (USENIX ATC'19). 2019.(https://www.usenix.org/conference/ atc19/presentation/zhang-xu)

- Root-Cause Analysis for Time-Series Anomalies via Spatiotemporal Graphical Modeling in Distributed Complex Systems（https://arxiv.org/abs/1805.122 96）
- A Generalized Active Learning Approach for Unsupervised Anomaly Detection（https://arxiv.org/abs/1805.09411）
- Towards Explaining Anomalies: A Deep Taylor Decomposition of One-Class Models（https://arxiv.org/abs/1805.06230）
- Towards an Efficient Anomaly-Based Intrusion Detection for Software-Defined Networks（https://arxiv.org/abs/1803.06762）
- Announcing A Benchmark Dataset for Time Series Anomaly Detection（https://research.yahoo.com/news/announcing-benchmark-dataset-time-series-anomaly-detection）
- The Numenta Anomaly Benchmark (NAB)（https://github.com/numenta/NAB）

7章 SQLインジェクションの検出

- 徳丸浩：『体系的に学ぶ 安全な Web アプリケーションの作り方 第2版』（https://www.sbcr.jp/product/4797393163/）
- 金床 "Kanatoko"：「ベイジアンネットワークを使ったウェブ侵入検知」（https://www.scutum.jp/information/waf_tech_blog/2014/02/waf-blog-034.html）
- 園田道夫：『潜在的要因を考慮したSQLインジェクション攻撃検知システムの開発』（https://ci.nii.ac.jp/naid/500001349902.amp）
- 園田道夫，松田健，小泉大城，平澤茂一：「文字単位の特徴抽出によるSQLインジェクション攻撃検出法について」，情報処理学会研究報告，vol.49，pp.1-7，2011年3月.
- 井村悠成，岸知二：「SQLインジェクションに対する機械学習を用いた攻撃検知手法の提案」，情報処理学会第81回全国大会講演論文集2019（1），p.241.

8章 機械学習システムへの攻撃

- Correia-Silva et al. 2018. Copycat CNN: Stealing Knowledge by Persuading Confession with Random Non-Labeled Data. IJCNN'18.

- Jagielski et al. 2019. High Accuracy and High Fidelity Extraction of Neural Networks. USENIX Security'20.
- Orekondy et al. 2019. Knockoff Nets: Stealing Functionality of Black-Box Models. CVPR'19.
- Fredrikson et al. 2015. Model Inversion Attacks that Exploit Confidence Information and Basic Countermeasures. CCS'15.
- Goodfellow et al. 2015. Explaining and Harnessing Adversarial Examples. ICLR'15.
- Chen et al. 2017. ZOO: Zeroth Order Optimization Based Black-box Attacks to Deep Neural Networks without Training Substitute Models. AISEC'17.
- Tramèr et al. 2018. Ensemble Adversarial Training: Attacks and Defenses. ICLR'18.
- Cohen et al. 2019. Certified Adversarial Robustness via Randomized Smoothing. ICML'19.
- Papernot et al. 2016. Distillation as a Defense to Adversarial Perturbations against Deep Neural Networks. S&P'16.
- Papernot et al. 2017. Practical Black-Box Attacks against Machine Learning. ASIA CCS'17.
- Gu et al. 2017. BadNets: Identifying Vulnerabilities in the Machine Learning Model Supply Chain. arXiv:1708.06733.
- Chen et al. 2019. Detecting Backdoor Attacks on Deep Neural Networks by Activation Clustering. arXiv:1811.03728. SafeAI'19.
- Zhu et al. 2019. Transferable Clean-Label Poisoning Attacks on Deep Neural Nets. arXiv:1905.05897. ICML'19.

9章 深層強化学習によるマルウェア検知器の回避

- Vulnerability Note VU#489481（https://kb.cert.org/vuls/id/489481/）
- BSides Sydney'19講演資料（https://skylightcyber.com/2019/07/18/cylance-i-kill-you/Cylance%20-%20Adversarial%20Machine%20Learning%20Case%20Study.pdf）
- Raff et al. 2017. Malware Detection by Eating a Whole EXE. arXiv:1710.09435. AAAI'18.

- Machine Learning Static Evasion Competition（https://github.com/endgam einc/malware_evasion_competition）
- Elastic Malware Benchmark for Empowering Researchers（https://github. com/elastic/ember）
- MITRE Corporation. Indicator Removal on Host: Timestomp | MITRE ATT&CK.（https://attack.mitre.org/techniques/T1070/006/）
- UPX: the Ultimate Packer for eXecutables（https://upx.github.io/）
- Microsoft. PE Format（https://docs.microsoft.com/en-us/windows/win3 2/debug/pe-format）
- Malware Env for OpenAI Gym（https://github.com/endgameinc/gym-malw are）
- pebutcher（https://github.com/hegusung/pebutcher）
- Kolosnjaji et al. 2018. Adversarial Malware Binaries: Evading Deep Learning for Malware Detection in Executables. EUSIPCO'18.
- Suciu et al. 2019. Exploring Adversarial Examples in Malware Detection. SPW'19.
- Huang et al. 2019. Malware Evasion Attack and Defense. arXiv:1904.05747. DSN-W'19.
- Grosse et al. 2017. Adversarial Examples for Malware Detection. ESORICS '17.
- Rosenberg et al. 2017. Generic Black-Box End-to-End Attack Against State of the Art API Call Based Malware Classifiers. RAID'18.
- Anderson. 2017. Bot vs. Bot: Evading Machine Learning Malware Detection. Black Hat USA'17.
- Mnih et al. 2015. Human-level Control Through Deep Reinforcement Learning. Nature'15.
- Deep Reinforcement Learning for Keras（https://github.com/keras-rl/ keras-rl/）

10章　機械学習のヒント

- Feature Engineering - Knowledge Discovery and Data Mining 1（http://kti. tugraz.at/staff/denis/courses/kddm1/featureengineering.pdf）

- Feature Engineering and Selection（https://people.eecs.berkeley.edu/~jor dan/courses/294-fall09/lectures/feature/slides.pdf）
- CS 294: Practical Machine Learning, Berkeley:（https://people.eecs.berke ley.edu/~jordan/courses/294-fall09/lectures/feature/）
- Feature Engineering（http://www.cs.princeton.edu/courses/archive/sprin g10/cos424/slides/18-feat.pdf）
- Discover Feature Engineering, How to Engineer Features and How to Get Good at It（https://machinelearningmastery.com/discover-feature-engineering-how-to-engineer-features-and-how-to-get-good-at-it/）
- Machine Learning Mastery（https://machinelearningmastery.com/）
- 『Feature Extraction, Construction and Selection: A Data Mining Perspective』（https://www.amazon.com/dp/0792381963）
- Feature Extraction: Foundations and Applications（https://www.amazon.com/dp/3540354875）
- 『Feature Extraction and Image Processing for Computer Vision, Third Edition』（https://www.amazon.com/dp/0123965497）

索引

● 著者紹介

Chiheb Chebbi（シハブ・シャビー）

情報セキュリティ研究者。サイバー攻撃の研究、サイバースパイやAPT攻撃の調査が専門。情報セキュリティが大好きで、情報セキュリティのさまざまな側面での経験を持つ。チュニジアのTEK-UP大学でコンピュータサイエンスの学位（工学）を取得中。

興味の中心は、インフラへの侵入テスト、ディープラーニング、マルウェア解析。2016年には、Alibaba Security Research Center Hall Of Fameに選出された。DeepSec 2017やBlackhat Europe 2016ほか、世界的な情報セキュリティカンファレンスで講演経験がある。著書に『Advanced Infrastructure Penetration Testing』（Packt Publishing）がある。

● 査読者紹介

Aditya Mukherjee（アディティア・モカジー）

情報セキュリティの専門家、サイバーセキュリティに関する講演者、起業家、サイバー犯罪捜査官であり、コラムニストとしても活躍している。

さまざまな組織において情報セキュリティの領域で指導的役割を10年以上経験しており、サイバーセキュリティソリューションの実装、サイバー変革プロジェクト、セキュリティアーキテクチャ、フレームワーク、ポリシーに関連する問題の解決を専門としている。

● 訳者紹介

新井 悠（あらい ゆう）

株式会社NTTデータ エグゼクティブセキュリティアナリスト。2000年に情報セキュリティ業界に飛び込み、株式会社ラックにてSOC事業の立ち上げやアメリカ事務所勤務等を経験。その後、情報セキュリティの研究者としてWindowsやInternet Explorerといった著名なソフトウェアに数々の脆弱性を発見する。ネットワークワームの跳梁跋扈という時代の変化から研究対象をマルウェアへ移行させ、著作や研究成果を発表した。よりマルウェア対策に特化した仕事をしたいという想いから2013年8月にトレンドマイクロに転職。その後、さらに各業界のITに関する知識の幅を広げたいという考えから2019年10月より現職に活躍の場を移す。横浜国立大学博士後期課程在学中。著訳書に『ネットワーク攻撃詳解 攻撃のメカニズムから理

解するセキュリティ対策』（ソフト・リサーチ・センター）、『クラッキング防衛大全 Windows 2000 編』『インシデントレスポンス』（翔泳社）、『セキュアプログラミング』『アナライジング・マルウェア』『サイバーセキュリティプログラミング』（オライリー・ジャパン）など多数。大阪大学非常勤講師。経済産業省情報セキュリティ対策専門官。CISSP。

一瀬 小夜 （いちのせ さよ）

2000 年から情報セキュリティに携わり、マルウェア解析、コンサルティング、セミナー講師などさまざまな業務に従事。2014 年からは CTF for GIRLS の運営メンバーとして、バイナリ解析の講義なども行う。著訳書に『ウイルスの原理と対策—インターネットセキュリティ』（ソフトバンククリエイティブ）、共訳に『セキュアプログラミング』『実践 パケット解析』『サイバーセキュリティプログラミング』（オライリー・ジャパン）、『Solaris セキュリティ入門』（翔泳社）がある。

黒米 祐馬 （くろごめ ゆうま）

2017 年に日本電信電話株式会社に入社。マルウェア対策技術の研究開発に従事。研究の立ち上げから難関国際会議への論文採択、産学連携を通じた研究成果の社会実装までを経験する。2021 年より株式会社リチェルカセキュリティの取締役 CTO として技術戦略を統括。その他の活動にセキュリティ・キャンプ講師（2015 年、2016 年）、Global Cybersecurity Camp 講師（2020 年）など。

● 査読者紹介

金床 （かなとこ）

1975 年生まれ。プログラマー。株式会社ビットフォレスト取締役（本名：佐藤匡）。1998 年よりネットワークやウェブセキュリティ関連情報を提供するウェブサイトやメーリングリストを運営。ハッカー向けのマガジンである WizardBible へのレギュラーメンバーとしての投稿や、2007 年にデータハウスから出版した『ウェブアプリケーションセキュリティ（通称：金床本）』などにより、ウェブアプリケーションセキュリティの黎明期に日本国内での情報共有において大きな役割を果たした。
世界初の SaaS 型 WAF である Scutum を立ち上げたあと、データサイエンス（AI 技術）と情報セキュリティの融合について研究を進め、サービスにおいて AI を現実に役に立つ形へと落とし込むことに成功する。Black Hat Japan、OWASP AppSec APAC、人工知能学会の合同研究会など、数多くのカンファレンスに登壇。WAF

Tech Blog にて技術情報を発信中。

東 結香 （ひがし ゆか）

トレンドマイクロ株式会社 アプライドサイバーセキュリティラボ部 スレットリサーチチーム所属。奈良先端科学技術大学院大学を卒業後、大手セキュリティ企業に入社。脆弱性診断・ネットワークフォレンジック・マルウェア解析等の情報セキュリティに関する業務に携わる。2013 年にトレンドマイクロに入社。さまざまなサイバー攻撃のログ分析・脆弱性の評価・分析・通信プロトコルの調査研究等の業務を経て現在、日本のマルウェア解析拠点にて脅威の調査・分析、および機械学習モデルを使ったマルウェア検出・対策の案出に従事。

高江洲 勲 （たかえす いさお）

三井物産セキュアディレクション株式会社。R&D 部 AI& 高度先端技術開発所属シニアエンジニア。情報処理安全確保支援士。CISSP。研究開発や AI 開発者向けのセキュリティ・トレーニング講師、脆弱性診断などに従事。研究開発のテーマは「AI セキュリティ」であり、機械学習システムの脆弱性を自動検出し、堅牢化を支援するプロダクトの開発や、機械学習を脆弱性診断やペネトレーションテストに応用する研究を行っている。これらの研究成果は、Black Hat Arsenal、DEFCON（Demo Labs、AI Village）、CODE BLUE、PyCon など、数多くのカンファレンスにて発表している。

近年はセキュリティ・キャンプおよびセキュリティ・ネクストキャンプの講師や、国際的なハッカーカンファレンスである Hack In The Box の AI セキュリティ・コンペティションで審査員を務めるなど、人材育成にも力を入れている。

セキュリティエンジニアのための機械学習
──AI技術によるサイバーセキュリティ対策入門

2021年11月2日　　初版第1刷発行

著　　　者	Chiheb Chebbi（シハブ・シャビー）	
訳　　　者	新井 悠（あらい ゆう）、一瀬 小夜（いちのせ さよ）、黒米 祐馬（くろごめ ゆうま）	
発　行　人	ティム・オライリー	
制　　　作	株式会社トップスタジオ	
印刷・製本	日経印刷株式会社	
発　行　所	株式会社オライリー・ジャパン	
	〒160-0002　東京都新宿区四谷坂町12番22号	
	Tel　（03）3356-5227	
	Fax　（03）3356-5263	
	電子メール　japan@oreilly.co.jp	
発　売　元	株式会社オーム社	
	〒101-8460　東京都千代田区神田錦町3-1	
	Tel　（03）3233-0641（代表）	
	Fax　（03）3233-3440	

Printed in Japan（ISBN978-4-87311-907-6）
乱丁本、落丁本はお取り替え致します。